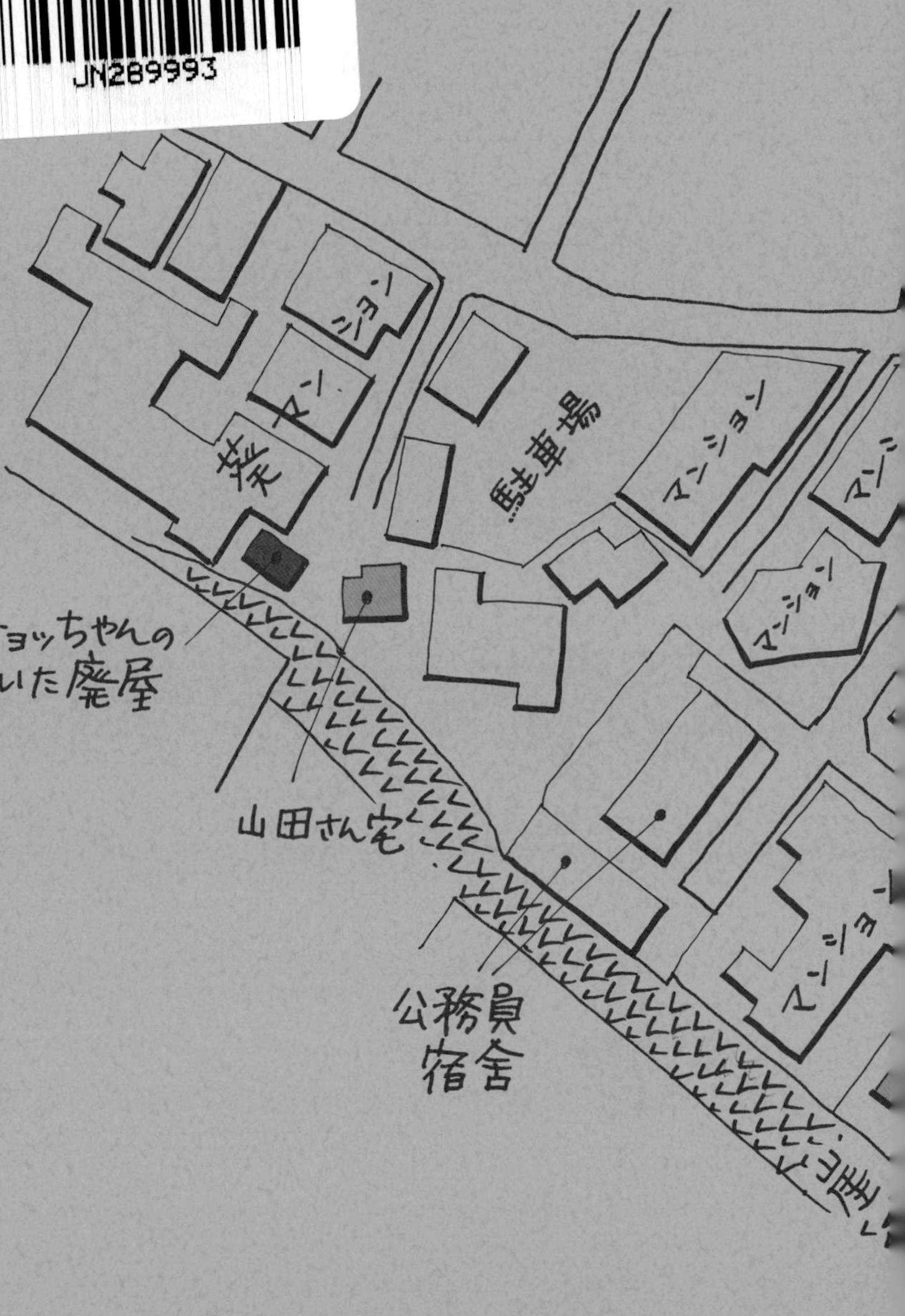
マンション
マンション
駐車場
マンション
マンション
マンション
マンション
チョッちゃんのいた廃屋
山田さん宅
公務員宿舎

チョッちゃん

石井 宏

草思社

チョッ、チョッ、チョッと歩いてくる姿から「チョッちゃん」の名がついた

エアデール・テリアのベスは音楽のわかる犬だった。ピアノの前の椅子に坐り、前足２本を交互に使って鍵盤をポカポカと叩いて、来客を喜ばせた。写真・左端は真美さん、後方はウィーン在住のピアニスト、ノーマン・シェットラーさん（1981年頃）

チョッちゃん　目次

チョッちゃん

第一章　ことの始まり

一九七六年の夏、西井家にはちょっとした事件が持ち上がった。七月、一学期が終わったところで、小学校三年生の長女の真美《まみ》さんが、もはや小学校に通学しないと、お父さんの清さんに宣言したのである。これには少なからず清さんはびっくりした。登校拒否というのはあるが、小学生にして退学希望という前例はあまり聞いたことがない。

「学校に行きたくないのか」

「うん」

「何かあったのか」

「…………」

真美さんは理由を語らなかったが、あとで少しずつわかってきたところによると、成績の採点に関しての教師の考え方に対する不満から始まって、教師やクラスメートたちという一つの社会に対する批判というか、絶望感のようなものがふくれ上がっていたようだった。

彼女は小学生になってからの成績表は2と1ばかりであった。三年生になる頃、2の上に3があるのを知った。いとこの通知表は3ばかりであった。すると3のない自分はかなりの劣等生なんだなと思う。しかし一つだけ解《げ》せないことがある。彼女はクラスの中でも飛び抜けて音楽がよくできた。というのも小さい頃から教育を受けてきたからで、実際、朝礼などで校歌を全校生徒が歌うときに、選ばれてピアノの伴奏をしたこともある。早くから絶対音感も備わっていたし、ピアノもヴァイオリンも弾けたのである。そんなにできる子はほかにいない。言ってみれば仲間たちよりずば抜けていたわけであるが、それなのになんで音楽の成績が2なのか。

担任の教師は答えてくれた。

「それはあなたの試験の成績が悪いからよ。このあいだの音楽の試験だって、音の名前をハニホヘトで書かなければいけないのに、あなたはドミソとかAとかGとか勝手に書くでしょ」

「え？　それって全部×《バツ》なの。どうして？　あたしの答はぜーんぶあってたはずだよ」

「あっているかどうか先生は知らないわよ」

「でも、ハと言ってもドと言ってもCと言っても、みんなおんなじ音のことだよ」

「学校ではそんなこと教えてないんだから、あなたのようにハの音をCと書いたりしてはダメよ。教えたとおりに書かない子は点をもらえないの」

「でも同じじゃない。ハでもドでもCでも」

「そんなことは学校では教えてないわ。学校で教えたとおりにしない子には点はあげられないのよ」

真美さんがぶつかったのはそうした日本的教育観の壁だった。教師は文部省のマニュアルどおりに教える。生徒は教えられたとおりに答案を書くべきであり、その際、その生徒がどのくらいの理解をしているか、能力を持っているかなどは別問題なのである。

「そうなんだ。それで私の成績は2ばかりなんだ」

それに気がつくと真美さんは怒りで逆上しそうになると同時に、それまでも同じような体験をしてきたことが一度に頭に押し寄せてきた。

実は真美さんが幼稚園や学校とごたごたを起こすのはこれが初めてではなかった。彼女は生まれつき繊細な感受性と同時に強い合理主義を身に備えていた。だから自分の感受性を逆撫でするような無神経で粗暴な言動や、不条理なことを平然と押しつけるような教師に対してはアレルギー反応を示すのであった。

たとえば、まだ幼稚園の三年保育の二年生だったろうが、その頃母の文恵さんは娘に毎朝根気よく言っていた。「真美ちゃん、朝幼稚園に行く前に少しピアノを弾こうね」。といっても、それは強制でもなければ命令でもなかった。いつか娘が自発的にピアノの前に坐ってくれればいいと思ってのことである。真美さんはもちろん、おいそれとはピアノの前に坐らなかった。ところがある日、どうした風の吹きまわしか、彼女が自発的にピアノの前に坐って、ほんの少しだけおさらいの真似ごとをした。もちろん真似ごとで十分なのである。まず隗《かい》より始めよなのだ。文恵さんは喜んで大いにほめてあげた。真美さん本人も「やった」という気分で大いに満足だった。「なんだ、こんなことなら毎日やろうかな」と思ったかもしれない。みなにほめられて喜びに溢《あふ》れ、得意になって胸はずませながら幼稚園に出かけていった。幼稚園に着いてもだれかに自分の成功を話してみたくてしかたがなかったであろう。彼女はわくわくしながら若い先生に向かってこう報告した。

「あのネ、今朝ネ、真美ちゃんお勉強してきたの」。これに対しては、ふつうなら「そう、えらいのね、なんのお勉強してきたの」「あのネ、ピアノ」「そうなの、よかったわネ、明日もする?」「ウン」といった問答が想定されるところである。だがその若い女の先生は何をカン違いしたのかこう言ったものである。

「先生は、朝お勉強なんかしてくる子は大嫌いよ」

もちろん真美さんの顔はみるみるうちに涙でいっぱいになった。天国から地獄へ突き落とされたのである。

それっきり彼女は二度と幼稚園なんかに行かないと言い出した。

といった事件は一再ならずあったが、世の中がすべて彼女の気にいるような人間でできているわけではないから、生きていくためには揉まれ擦られることも覚えていかねばならない。

しかし今回の退学希望はそれまでの登園・登校拒否にくらべると一筋縄ではいかないように見えた。だいいち、それまでの登園拒否事件などは清さんのところまで上がってきたことはなかった。母親の文恵さんが上手になだめてうまくやってきたのである。それが今回は清さんにまで問題が上がってきたのは真美さんの決意が固いということだろうか。

「学校をやめてどうするつもりだ」。清さんは聞いた。

「………」

「やめてもいいけど、真美、日本ではどこかの学校に入らないといけないことになっているんだよ。それに学区制というのがあってね、どこかに引越さないと別の学校には行けないとか、いろいろあるんだ」

「うん」

「じゃ、どうする……」

「うん……」

黙ってしまった娘に代わって文恵さんが言った。

「西町インターナショナルに行きたいんですって」

「西町……インターナショナル……？　もしかしてそれアチラの学校か。どこにあるんだい」

遅れているパパに学校の説明がなされた。

「そうか、そうういう学校があるのか。よかろう。いいけど、真美、その学校は英語で授業やるんだろ。おまえ、ちっとも英語ができないじゃないか」

実際これまでにも真美さんは兄の彰くんと毎週一回カナダ人に就いて英語を習っていたのだが、二人とも全く英語を覚えようとしなかった。それでも両親は別に文句を言わなかった。清さんが二人に白人の家庭教師をつけた理由は英語の学習にあるわけではなかったからである。とかく日本人は白人に対して強い劣等感を抱き、日頃威張っているような連中も彼らの前に出るとへどもどし、不必要にペコペコする。ロンとヤスなどは正視に堪えない醜態であった。このどうしようもない劣等感を少しでも減らすためには、幼いうちから白人と対等につきあわせておけば効果があるのではないか、と考えてカナダ人のジョーンズくんを傭ってきたのであるが、その意味では彼は理想的な教師であることが傭ってみてわかった。彼は幼い二人に英語をムリに覚えさせせようとすることなく、ニコニコと片言の日本語でおしゃべりし、友だちのようにつきあって帰ってしまうのである。それは両親の意図に叶《かな》った理想の役者であった。

おかげで子供たちは、この白人のお兄さんとは仲良くなったが、英語のほうはなんにも覚えなかった。

「な、真美、おまえ英語がわからないのにそんな学校、行けないじゃないか」

ところが、驚くことに真美さんはこれから九月の新学期が始まるまでに英語の特訓を受けるからいいのだという。聞けば西町インターナショナルの低学年の先生でハモンドさんという人が近くに住んでいて、真美を教えると言ってくれているという。

「なーんだ。おまえたちはそんなところまで研究済みなのか」

その周到な手回しに清さんは驚いたが、そうした彼女の陰の参謀はジョーンズ青年のようだった。

「まあやるだけやってみるんだな」という清さんの裁定が下った。「そのかわり、西町の試験に受からなかったらまたもとの学校に行くんだぞ。いいな、約束するな」。真美さんは仕方なくうなずいた。「いいよ、行くよ」

それからまもなく真美さんのハモンド先生がよいが始まった。夏の暑い日差しの中を、文恵さんに連れられて、電車に乗って目黒まで行く。この年、七月から十二月まで、西井家は借家に仮住まいをしていた。文恵さんの妹の芳恵さんはＡＢＣ交響楽団のトロンボーン奏者の宮さんと結婚している。当時は西井家も宮家もマンション住まいだったが、とかく音を出す音楽家という職業はマンションに不向きである。ひょんなことから一念発起して、西井・宮の両家は共同で家を建てる気になり、お互いのマンションを売り、その金で土地を買い、住宅ローンを借りて家を建てるという段取りをつけた。そのため、自宅を売ってから家が建つまでの仮住まいが始まったのである。

ネコつきの借家

その借家（木造一戸建ての古い日本家屋）に西井家が引き移ったのは七月の終わりの暑い盛り

のことだった。だが数ヶ月の仮の住居であってみれば冷房を設置することもあるまいと、網戸にしてあちこち開け放し、扇風機を回して涼を補うといういささかクラシックな暮らしを始めた。すると、引越してまもないある日のこと、扉の開いていた台所からすっと入ってきて、まるで家族のような顔をしてチャブ台の前に坐った牡ネコがいる。彼は少しも悪びれた様子がなく、だれかが自分に食事を分けてくれるものと信じているようだった。

「あっぱれなネコだね」。帰宅してその話を聞いた清さんが言った。「ここの家の以前の住人が飼っていたのだろうか」

「そうじゃないかしら。きっと二、三日その辺で私たちの様子をうかがっていたんだわ……それで、これならよかろう、ではお邪魔いたしますって……」

借家にはネコまでついていたのである。

この家つきのネコはオレンジと白という日本猫の標準の二色だったので、三毛《ミケ》ならぬ「二毛《ニケ》」と名づけられた。心得たもので、翌日から「ニケ」と呼ばれるとスーッと寄ってくる。「何かいただけますか」とその顔に書いてある。この彼はしばらくするうちにセミ取りの名人であることがわかった。狭い庭の木にやってくるセミを取って、くわえてきては得意になって人に見せ、くわえてはほうり出し、動くと押さえる、といったことを繰り返し、挙句のはてに羽をもいでしまう。文恵さんはそのたびに目を覆うがニケは得意そのものだ。

しかし、このニケくんはただものではなかった。彼は一宿一飯の恩義を心得ていたのである。

この時期、清さんは駐車スペースを借家から百メートル以上も離れたところに借りていた。当時放送局に勤めていた清さんの帰りは遅い。たいていは十時過ぎである。ある夜のこと、車を停めた清さんが道路に出て、家に向かって歩き出すと、ニャーと呼ぶ声がする。見るとニケである。他人の家のブロック塀の上に鎮座ましましている。清さんはびっくりしたように声をかけた。

「ニケか、こんなところまで来て何をしているんだ」

ニケは何も答えない。そのまま清さんと肩を並べるように寄り添って、ブロック塀の上をわが家に向かって歩き出した。ブロック塀が終わって別の家の生垣になると、ニケは下りて路上を歩き、またセメントの塀になると上手に飛び乗ってと、どこまでも清さんに連れ添って歩き、とうとうわが家に着いてしまった。

毎日同じ時間に主人を渋谷駅に迎えに行き、主人が死んだあとも変わらずに迎えに行った〝忠犬ハチ公〟の話はつとに有名で銅像にまでなったが、忠猫ニケはまだ銅像になっていない。だが「ただいま」と玄関の引戸を開ける清さんの横にニケがチンと寄り添っており、主人と一緒にノコノコと茶の間に入る、そんなネコを想像できる人がいるだろうか。

しかし、信じようと信じまいと、ニケは清さんたちがこの借家に住んだ五ヶ月の間に、何度も同じようにして夜半に清さんを駐車場まで迎えにきた。一度は清さんは途中の路上で迎えにくるニケに会ったこともある。明らかにニケは百メートル以上も離れている所から主人の車の排気音を識別し、主人の帰りを知って、気が向くと迎えに出たにちがいないのである。

「おまえは感心なやつだ、ニケ、一宿一飯の恩義かなんか知らないが、人間でもそんなことはできないのに、おまえは主人を迎えにくるとはな」

晩酌のグラスを片手に清さんはニケを撫でてやる。ニケはのどをごろごろさせる。

いや、「人間でも」ではないだろう。「人間だから」わからないのではあるまいか。ハチ公のことを嘲って、あれは主人を迎えに行ったんじゃない、腹が減ってひもじいから、だれか餌をくれるやつはいないかと、駅のそばをうろついていたのだ、という説があるそうな。そういう説は愛と仁義を解さない人間だからできる説だと清さんは思う。確かに主人に死なれたハチ公は空腹を抱えて渋谷駅の付近をうろついていたかもしれないし、餌をくれそうな人を求めていたかもしれない。しかしハチ公が一番願っていたこと、一番嬉しいことは、いなくなったと思った主人が目の前に現れて「おい、ハチ」と呼んでくれることだったろうし、餌をその人の手からもらうことだったろう。犬とはそういうものである。たとえ他人の餌にあずかろうと、心はもとの主人にあったはずである。

夏休みの間の真美さんの英語のレッスンがよいは続いた。午後になると午前のレッスンを録音したテープを聞いておさらいをする。それを眺めながら、清さんは、彼女が自分で決めたことながらよくやるものだと思った。清さんの小学校三年の夏休みといえば、ヤンマとセミを追いかけ回すことと、メンコにチャンバラ、戦争ごっこ、海水浴などの日課に追われていた。夏休みに勉強するなんて子はだれもいなかったし、勉強なんて考えたこともなかった。だいいち、この世に英語なんてものがあることすら知らなかった。それにくらべると真美さんはどえらいことをやっているわけだ。夏休みの間に英語を覚えて英語で授業をする学校を受験するという。自分の小学生時代にくらべると健気《けなげ》ともあっぱれとも何とも言いようがなかった。

だが彼女の前途はそれほど容易には思えない。仮に付焼刃の英語で試験をパスしてみたところで、机を並べる多国籍の子供たちのペラペラの英語についていけるわけはないし、その場合、彼女一人がカヤの外になる。その疎外される孤独に耐えていかねばならないし、白人のワルガキの悪さときたら日本人の子の比ではないから、時には大いにひどい目にあうことになろう。しかし、そうなったとしても今度は自分から退校するとは言えないだろう。なぜなら、それは自分で選んだ道だからである。その〝わが道〟は平坦であるはずもない。

そんな真美さんに、なにか励ましになるもの、心の支えになるようなものはないか、あれば与えてやりたいものだと、いつとなく清さんは考えるようになった。

夏休みが終わりに近づいた。九月は日本の学校では二学期の始まりだが、西町インターナショナル・スクールでは、外国並みに、新しい学年の始まりで、転校生の編入試験が行われた。どういうわけか真美さんは英語で行われた面接にパスした。

ただし一つだけ保留条件がついた。それは真美さんを本来の三年生のクラスに編入せず、一年下の二年生に編入するのでよければ、という条件である。その理由は、真美さんは英語の過去形や現在形は理解しているが、現在完了、過去完了などの〝完了形〟がわからないから、というものであった。

「ムリもないなあ、日本語には完了形はないものなあ」

その話を聞いた清さんが言った。

というわけで真美さんは学年は一年下がったけれど、晴れて西町インターナショナルの生徒となり、バイリンガルの子となるスタートを切ることになった。

それは一面では真美さんが自分で選び獲ち取ったエリートの道であろう。しかし、同時にそれはストレスの多い茨《いばら》の道であることにはまちがいない。

次の日曜日、清さん一家は渋谷のレストランでスパゲッティの昼食を取っていた。そのとき、どうした取り合わせか、連鎖反応か知らないが、真美さんへの贈物について、清さんの頭に天啓のようにひらめいたものがあった。犬だ。犬は人生の伴侶になる。愛し愛される対象になる。彼女が学校で落ちこんだときも、「お帰りなさい」とシッポを振って出迎え、飛びついてベロベロ顔をなめてくれる犬がいるということはいいことかもしれないぞ。

「そうだ、真美、犬を買ってやろうか」

清さんの突然の発言に、真美さんは一瞬ケゲンなとまどったような顔をした。犬？　彼女は生まれてから八歳の今日までずっとマンション暮らしで、犬と身近につきあったことがない。無理もないが、「ウン」とは言ったものの何が起きるのか見当がつきかねる様子が顔に見えた。

だが、清さんはひとりで名案だと思いこんで、さっさと行動を起こし、文恵さんにちょっと相談しただけで、次の週には有名なケンネルに行ってエアデール・テリアを注文してきた。姿がノーブルで、気がやさしくて快活で、主人に対して忠実だという、真美さんの伴侶となるような犬といえば、清さんに言わせればエアデールが一番だった。小型犬とちがって大型犬はおおむねおっとりしている。

「エアデールってどんな犬」と聞く真美さんに清さんは画をかいてみせる。

「こんな犬だよ」

横から見ると顔が四角で、耳は中折れで、色は背中が黒くてあとは茶色だ、てなことを説明しても、見たことのない犬のことはわからない。

「ふーん」

またその次の日曜日、清さんは車を運転して受取りに行った。まだ二ヶ月の牝犬でほんの子供のミニ・エアデールがちょこんとケージに収まっていた。それでも、エアデールはエアデールで、すでにあの成犬の美しいフォルムそのままであった。清さんがケージに近寄るとむしろ仔犬のほうから近づいてきて清さんの前で「お坐り」をした。いつもふしぎに思うのだが、母犬から離されてきたときに、仔犬は自分の運命を知り悟ることができるようで、今も清さんを見ただけで、「この人が自分の運命を託する飼主である」と本能的に知ったようであった。清さんは運転席に坐ると、まずはスキンシップからと、彼女を膝の上に乗せて車を動かし始めた。仔犬は立ち上がって窓外を見ようとするが、背のびしても手がガラスに届かない。まだ本当に小さい赤ちゃんであった。

家ではみなが首を長くして待っていたが、清さんに抱かれて入ってきた彼女を見て、驚きとも感嘆ともつかぬ声が上がった。彼女はまるで美術品か精巧な縫いぐるみのように見えたのだ。

真美さんもすっかりこの縫いぐるみのような仔犬が気にいったようだった。彼女はエリーザベス、すなわちベスと名づけられた。彼女の寝床は文恵さんが台所に用意した毛布である。夜中におシッコをしたくなったときのために台所と玄関のたたきには新聞を敷いた。ベスはおそろしくりこうな子で、もらわれてきたその日から一回も家の中で粗相するようなことはなかった。台所の毛布が自分の寝床であることも一度で理解した。最初の夜からクンクン鳴くこともなく、おとなしく自分の寝床で寝た。

その寝顔を見ながら清さんはそっと「きみはいい子だ。真美の友だちになってやってくれよ」と言った。ネコのニケは翌日からしげしげとこの新入りの犬なる相手を観察した。「なんだ子供か」とその顔には書いてある。もちろん体はニケのほうが大きかった。

真美さんが学校に行っている間のベスの遊び相手はもちろんニケである。彼は適当に赤ん坊のベスを挑発し、ベスが追いかけると面白がって逃げて歩き、時にはゴロンとわざと横になり、ベスがじゃれつくのには右手のフックで応戦し相手になってやる。挙句の果てに二階へ通じる階段を数段駆け上がる。体の小さいベスはくやしくても階段が上がれない。二段目にやっと前足をかけてジタバタしてみるがダメである。ニケはそれを悠然と見おろしているが、ややあって、毛づくろいを始める。片手を頭の上にあげ、首を突っこんで腋の下やお腹を丹念にナメる。ときどき顔を上げて、下にいるチビ犬を見ては、また悠々と同じ動作を繰り返す。その態度たるやまったく仔犬をバカにしきっているのである。

ところがある日、異変が起きる。その模様は文恵さんに言わせると——。

「いつものように、ベスとニケが追っかけっこをして、ニケが階段の三段目あたりでわざと止まって、坐りこんで、お腹をナメ始めたのネ。でも途中でニケは何となくきょうは様子が変だなって気がついたんでしょ。上眼《うわめ》づかいにそっと見てみたら、なんと眼の前にベスの顔があるじゃない。そのときのニケの驚きようったらないわ。一瞬、片手を上げたまま凍りついたようになって、そのあと、三十センチも跳びあがってそのまま二階まで駆け上がって逃げていったわ……」

ニケは仔犬をナメ切っていたのだが、大型犬の仔犬の成長は速い。一ヶ月もしないうちにベスはニケより大きくなり、ある日気がつけば階段を上がれるようになっていたのだ。

ニケとの別れ

一方、清さんは目黒区の教育委員会に呼び出されていた。真美さんを小学校三年で中退させたことについてのおたずねである。勤めのある清さんに代わって文恵さんが指定の日時に教育委員会に出頭した。髪の毛の薄い瘦せて神経質そうな男が応対に出てきた。こういうところの役人といえばもとはどこかの学校の先生だったのかと思うが、なんとなく「坊っちゃん」の登場人物のウラナリ氏が老化するとこうなるのではないかと思った。

文恵さんは、もとの小学校に転校の手続きを提出してあると言ったのだが、教育委員会としては、真美さんは転校とは認められない、つまり彼女の行動は小学校中退に当たるという。以下は老けたウラナリ氏の言いぶんである。

日本人の児童は文部省の定める学校で教育を受ける権利と義務があり、そういう教育を受けさせるのが保護者の義務である。

しかるに西町インターナショナル・スクールに転校したというが、その学校は文部省が定めたカリキュラムに則った教育を行う正規の初等教育学校としては認められていない。

従って西井清は、その娘から、正規の学校教育を受ける権利と義務を奪ったことになる。

正規の義務教育を受けさせるという親の義務を怠ることは児童の福祉を守るために作られた諸法律にも抵触する。

「昔はよくありましたな。子供を学校に行かせずに奉公に出すとか、サーカスに売ってしまうとかいうケースが。おたくがなさっていることは、それと同じようなものと考えられます。お子さんに義務教育を受けさせないということは、お子さんの福祉を奪うことで、つまりあなた方は年端のいかないお子さんを働かせて学校に行かせない親と同じという認定になりますですな。そうしますと、あなた方は児童を守ることを定めた法律に違反したことになりますな」

だから真美をもとの小学校に復学させろっていうのね。で、イヤですって言ったらどうなりますか、と聞いたら「困りましたな、どうしても日本の義務教育を受けさせてはもらえませんか」。相手は嘆息し、しばし黙っていたが、「たぶん罰金とか、そういうことになりましょうな」と言った。

「罰金はおいくら払えばいいのでしょうかと聞いたら、二万円とか三万円とか言っていたわ。いいでしょ、あなた、支払命令がきたら罰金払うでしょ」

「アハハハハ」清さんは大笑した。「払うとも、払うともさ。前科一犯、罰金刑、罪はわが子に対する〝児童虐待〟、いいねえ、おれは鬼のような親なんだ」

娘はみずから困難な道を選び、将来はバイリンガル人間として世界に羽ばたこうとしている。それが児童虐待とは。あまりにも次元のちがう役人の発想には笑うより仕方がないし、いくらでも笑えてくる。

しかし、それからもう三十年近くが経つが、いまだに清さんのもとに罰金の支払命令は届いていない。どうやら〝児童虐待〟は時効になったようだ。

十二月になった。木造の日本家屋は隙間風が入るので寒い。西井家の仮住まいでは、家の中でもみんなダウンのジャケットを着こみ、ぶくぶくにふくれて過ごした。十二月二十六日が新しい家の完工引渡しの日である。新しい家には暖房が完備しているから、それまでは多少寒くとも暖房機器を買わずにガマンしようというわけである。ただ一つ茶の間に置かれた暖房器具は文恵さんが結婚前に使っていた古い一キロワットの貧弱な電気ストーブである。それをチャブ台から一メートルほど離れた所に置いて一家は食事をする。ネコのニケと犬のベスが、そのストーブの前の暖かい特等席を取り合う。ニケがストーブの前に坐っていてもどうということはないが、今や体重二十キロにも成長した大きなベスがどかっと坐ってしまうと、熱はだれにも届かない。

「ほら、ベス、だめでしょ、そんなところにいちゃ、毛が焼けちゃうってば……どきなさいよ」

真美さんに尻を押されてベスはしぶしぶ立ち上がる。すると、待ってましたとニケがチャッカリ坐りこむ。ベスは「あ、こいつ」とばかりにワンと威嚇するが、ニケは知らんぷりだ。わざと手足をのばしてゴロン。犬は面白くないからワン。

そんな中で新居への引越しの準備が始まった。最大の問題はニケであった。この賢くも可愛いネコを置き去りにしていくのもどうか。そこで、彼を車に乗せるテストをしようとした。車を家の門前まで持ってきて、それにニケを乗せる……だがニケは決して車に乗ろうとしなかった。

「ネコは人につくより家につく」という言葉が思い出された。ことによったら以前の住人もニケを連れていくつもりだったのに、ニケのほうで断ってここに居ついていたのかもしれない。

ふしぎなことが起きた。引越しの一週間ほど前からニケが姿を消してしまったのである。もちろん、これまでにもニケが戻ってこない日はあった。どこかで牝ネコでも追いかけているのだろうと思っているうちに戻ってくるのがいつもの例で、連日連夜戻らないというのはこのときが初めてだった。

「どこへ行ってるのかしら。おなかが空くでしょうに」。文恵さんは心配が先に立つ。

「牝ネコが二匹も三匹も一緒にサカリがついてるので掛け持ちで忙しいとか……」と冗談を言って、清さんは口をつぐんだ。

「車にハネられた、とか言いたいの……まさか」。文恵さんが一番怖がっていたのはそのことだ。ネコが道路を横切ろうとして歩き始めたときに車がくると、うしろへ戻らずに、急いで突っ切ろうと走り出す習性がある。戻れば轢《ひ》かれないですむが、突っ切ろうとするためにしばしば車の犠牲になる。

ところがニケは引越しの二日前になって戻ってきて元気な姿を見せた。発見した文恵さんが驚いたことには、彼は真新しい首輪をしていた。今まで首輪をしていなかったニケが首輪をしている。

「ニケ、その首輪をどこでしてもらったの」

文恵さんはニケを抱き上げて、黄色い首輪をきれいだと言ってほめてやると、得意になってゴロゴロ言いだした。

「それで、あなたしばらくいなかったのネ。そうなの、新しいお家が見つかったんだ。皆さんどうぞ安心して引越してってください。ボクのことならだいじょうぶです。ごらんのように新しいスポンサーを見つけて、首輪までしてもらいました」

口のきけないニケが、そう言って報告にきたのだと文恵さんは感動した。

その夜しばらくベスを相手に遊んだり、食卓で真美さんからもらった最後のお刺身をパクついていたニケだが、翌朝には姿が見えなくなっていた。その翌々日、天気は良く、朝の九時から西井家の新居への引越しが始まった。人が慌ただしく出入りし、段ボール箱などにパックした荷物を運び出す。荷物にはそれぞれ新居の部屋の名前が書いてある。運送屋のリーダーの人には新居の図面を渡してあり、そこに置くように指示してある。清さんは蔵書とレコードを山のように持っているために、トラックが一回では運び切れず、二度往復することになった。午前十一時前にピアノの運送店が来て文恵さんのピアノを持ち出した。清さんは車でピアノのトラックのうしろからついて様子を見に行った。

ガランとなった部屋の中で、トラックが残りの荷物を積みに戻ってくるのを待ちながら、文恵さんはニケがお別れを言いにきてくれるのではないかと、そわそわした気持ちで待っていた。しかしニケはついに姿を見せなかった。昼休みを中にはさんで、トラックが戻ってきて残りの荷物を積み終わったのは四時を回っていた。冬の日は短く、はやあたりは薄暗い。最後の一個と思われる段ボール箱を積んでしまうと、清さんと文恵さんは念のために、忘れ物はないかとすべての部屋の押入れを点検した。台所の物入れの扉を開けたら、もしかしてニケが飛び出してくるような気もしたが、もちろん、ニケがそんなところに潜んでいるわけもなかった。すべての雨戸や引戸、扉に内側から鍵を掛け、最後に表玄関の引戸に外から鍵を掛けた。「これでよしと。この家にも世話になったな、短い期間だったけどありがとう」と清さんはそう言って玄関の柱をポンと叩いた。それから文恵さんと並んで駐車場のほうに歩き始めた。ニケはついに最後まで姿を見せなかった。

文恵さんはあたりを見回し、それからたそがれの空間に向かって、

「ニケ、元気でいなさいね」

とお別れの言葉を贈った。「きっとそのあたりで聞いているわよ。私たちがここに引越してきたときも、きっと陰で見ていたんだから……りこうな子だったわね」

駐車場に着いた。「ニケがよく迎えに来たっけ」と思いながら、清さんは、最後に乗りこむ前にもう一度夕闇の中を見回した。どこかにいるのかもしれない。いないのかもしれない。元気でやれよ、と心の中で言いながらエンジンのキーを回した。

年齢不詳のニケがその後どうなったか、いつまで生きていたのかはわからない。

初留学と飛び級

真美さんは新居が気にいった。広いし、きれいだし自分の部屋もある。ベスは順調に育って満一歳を迎える頃には二十五キロになった。そしてベスも学校に行くことになった。ベスの先生は

三島さんという男の訓練士である。ベスは賢くて何でもすぐおぼえたし、血統もスタイルも良いので、このあといくつもの大会で賞を取ることになる。心配だった真美さんの学校生活も、日本の学校とはまるで違う少人数の寺子屋式の雰囲気の中で、順調に周囲に同化していった。問題だった真美さんの英語で読み書き話す能力も、担任のファーガソン先生が毎日放課後になると真美さんを相手にマン・トゥ・マンで英語の特訓をしてくれたおかげで見る見る上達していった。

そして約三ヶ月後、十二月のある日、先生は清さん夫妻を呼んで「もう真美ちゃんの英語については心配は要りません。新年からは授業についていけると思いますので放課後のレッスンは打ち切りにします」と言ってくれたのである。

真美さんはこうして第一の難関を突破した。清さん夫妻は心からファーガソン先生に感謝の言葉をのべた。

「ひとりの子を毎日放課後に残して特別なレッスンをしていただくなんて、この国では考えられないことです」

ミス・ファーガソンはけげんそうに聞き返した。

「どうしてですか」

「だって、この国で教師がそんなことをしたら、ひとりの子にだけエコヒイキをするといって石のつぶてが飛んできますよ。校長はにがり切って『きみ、エコヒイキは慎んでくれたまえ』なんて言うでしょうね」

若い白人の女の先生はふしぎそうな顔をした。

「でも、ひとりの子が落ちこぼれそうになったら、その子を落ちこぼれにしないように努力するのが教師の務めではありませんか」

確かにそのとおりである。だがこの国の教師のだれがエコヒイキの非難を恐れずにそんなことをする勇気を持っていようか。

いずれにせよ、ファーガソン先生の努力のおかげで、真美さんは英語を母国語とする子供たちと肩を並べるところまでレベル・アップされたのであった。それは真美さんが日本の小学校に対する〝たった一人の反逆〟が成功を収めていく第一のハードルの突破を意味した。

危機は翌年やってきた。三年生の担任は若い中国人の女の先生となった。この先生は良きにつけ悪しきにつけ短絡的に一方的な判断を下し、それを生徒たちに強制し、有無を言わせず実行させるという、中国人によくあるタイプであった。真美さんとは最も肌の合わないタイプである。彼女の好むのはデリカシーのある指導者であった。これでは何かが起きるかもしれないと両親は思った。

だが表面は何事もなかったように一年が終わった。清さんは長い夏休みの間、真美さんをサンフランシスコの知人の家に預けてみてはどうかと思った。その家にはほぼ同年輩の女の子がいて、八週間のサマー・スクールに通うので、一緒にやってみてはどうかと誘われたのである。真美さんもその気になったので、ことは決行されることになった。六月の下旬、よく晴れた暑い日だった。清さんと文恵さんは新しく開港したばかりの成田空港まで真美さんを送っていった。ゲリラ騒動があとを絶たないため、その頃の新空港は厳しい送迎制限があり、広いロビーはガランとして人影もまばらであった。搭乗手続きをするとパン・アメリカン航空の白人のスチュアデスが迎えに来た。この人がサンフランシスコまで真美さんの面倒をみてくれる。到着すれば空港には知人が迎えに来ていることになっている。念のために知人の住所や電話番号は真美さんのパスポートにはさんである。それではよろしくと真美さんをスチュアデスに引き渡した。

「じゃあネ、行ってらっしゃい、元気でね。なにかあったら電話するのよ」

文恵さんが手を振ると、真美さんも元気に手を振って階段を下りていった。まもなく、出国手続きを終えたらしく、小さな真美さんと背の高いスチュアデスが手をつないで階下のロビーに姿を現すのが見えた。両親が一階上のロビーからガラス越しに見ているとは知らない真美さんは何事もなくゲートのほうに歩いていった。そして、まさに姿の見えなくなる数メートル手前で真美さんは握っていたスチュアデスの手を放し、顔を覆って突然に泣き始めたのである。上から見ていた両親は胸を突かれた。日頃はしっかりした娘だと思っていたのに、十歳は十歳なのであった。たったひとりで、初めてアメリカという異国に旅立つ——理由もない心細さのようなものが急に彼女を襲ってきたのであろう。清さんも文恵さんも思わずもらい泣きしそうになった。しかし、そのあと、真美さんはそのまま立ち止まることもなく振り返ることもなくスチュアデスに肩を抱かれながら歩いてゲートに入っていってしまった。

姿が見えなくなってしまうと清さんはしばらく天井を見つめていた。それからホッと溜息をついて、ハンカチでハナをかんだ。車を運転して東京に戻る途中でも夫妻はほとんど無言だった。しっかりしてはいるものの、まだいたいけな十歳の娘が見せた不意の涙、それはいかにも不憫《ふびん》であった。

この初留学は最初は失敗の兆候を見せた。一週間後にかかってきた電話口で真美さんは——彼女らしくないことに——再び泣いていた。

「パパ、もう帰りたいよ」

泣きながら話すのを聞けば、英語には不自由しないのだが、預かってくれた知人の家の娘が気が強くて意地悪なアメリカ娘で、日夜強烈なイジメにあっているという。

「帰りたいか……帰りたいったって急には帰れないぞ、そこはサンフランシスコだからな。飛行機の切符だって変更しなきゃならないだろ。こちらで手配してみるけど、一週間はかかるだろうな。一週間したらまた電話するからな。その間だまってイジメられて、くやしいって泣いてみても仕方がないぞ。オバさんには相談したのか。したくない？　じゃなんとか自分で考えて、逃げ回るとか、先生にくっついているとか、もっと強そうな男の子と手を組むとか、なんかやってみろよ、一週間したらまた電話するからな……」

とにかく時間を稼いでおいて清さんは電話を切った。いまは両親を離れての孤独な思いにさいなまれている上にカルチュア・ショックもあり、すべてに不慣れで、戸惑いの中で動顛《どうてん》しているであろう。

そうこうするうちに清さんと文恵さんは西町インターナショナル・スクールの校長の松方タネ先生から「折入ってご相談したいことがあるので」とお呼び出しを受けた。

用件はもちろん真美さんのことであった。真美さんが三年生になって、ファーガソン先生に替わって向こう気の強そうな中国人の女の先生が新しく担当になったとき、何か起こらねばよいがと思ったものである。真美さんは、高圧的に抑えつけられるのを特に嫌がり、〝一人だけの反乱〟を起こす傾向がある。ところが新しい担任がアメリカ育ちの中国人とあれば、今度の先生はさぞやアグレッシヴで、些細なことなど少しも意に介さずゴリ押しでくるだろうということも容易に想像がつく。だが表面的には真美さんの様子に特に変化が見られなかったので、清さんは事態を楽観していた。しかし、彼女の上に何も起こらずに済んだと思っていたのは、実は清さんたちが知らなかっただけで、学校では事件が起きていたのだった。松方先生の話によると、三年生の後半になると真美さんは次第にクラスメートに対して強い態度に出るようになり、まるで先生になったかのように仲間の生徒を呼び出しては注意し（ときに威嚇的に）、注意するばかりでなく、刑罰を科すというのである。その刑罰というのが、床を磨けとか掃除をしろというようなうちはいいのだが、真美さんが自分の靴下を脱いで、これを洗濯しろというのがあって、まるで番長のようではないかという非難が眼の青い父兄の間から出て困っていたというのであった。

清さんは、どちらかといえばこれまでイジメられ役の弱虫の真美さんが突然に番長ふうになったと聞いて驚き、また、不明を詫びたのであったが、実は三年生になって担当の先生が中国人の女性になったときから、なんらかの事件の予感を持っていたことをまずお話しした。真美さんが〝抑えこむ〟タイプの教師に対して反発し登校拒否を起こす〝既往症〟について説明し、実は日本の小学校を退学すると言ったのも、西町スクールを選んだのも彼女自身であり、親の意思ではないこと、そのゆえにこの学校に対して不満な事態が起きたとしても今回は登校拒否や退学ができないことを、おそらく本人自身が自覚していること、そのため教師とのトラブルは彼女の中に抑圧されてしまっているだろうこと、その抑圧の無意識的な噴火口がクラスメートに対する横暴な行動であろうか、などなどを清さんは述べ立て、「もしよかったら、精神分析医に診せると彼女の行動の深層心理がわかるかもしれない」ともつけ加えた。

しばらく雑談ふうのやりとりがあったのち、松方先生は最後にこう言われた。

「ま、いろいろあるでしょうけれど、私は真美さんを飛び級させて九月から五年生にしてみようと思います。あの子は一年飛び級しても授業にはついていけると思いますし、よほどできなければ先生が補習のレッスンをしてくれるでしょう。もともと三年生に入るべきところを、英語の学力を心配して二年に入れたでしょう。だから、いつも自分より学齢の低い子につきあっているわけで、その辺にも欲求不満になるところがあるかもしれません」

これを聞いて清さんは眼からウロコの思いがした。松方先生は清さんなどの思いもよらぬ高所からの展望を持っておられたのである。さすがは一流の教育者にふさわしい洞察と配慮であると清さんは唸《うな》った。ふつうのケースなら真美さんに対する叱責、処罰と、父兄に対する厳重注意となるところである。しかし松方先生の洞察は深く、心は教育者としての真の愛に満ちていた。

約束の一週間が経って清さんはサンフランシスコに電話した。

「真美？　どうだい。航空券はね、変えてくれるのか、くれないのか、まだ返事が来ないんだけど……いま夏休みだろう、飛行機は混んでいてキャンセル待ちばかりなんだそうだ……」

「じゃ、もういいよ、パパ」

「もういい？」

「うん、向こうも少しおとなしくなったし、キャンプは面白いから……」

一週間前の噴火は収まったらしく、真美さんの声は落ち着いていた。

「じゃ、航空券はそのままにしておくよ」

「うん」

清さんはホッとした。ホッとしたついでに重大なニュースを伝える。

「真美、きのう松方先生に会ったよ」

「松方先生？　何て言ってた……」

電話の向こうでたちまち心配そうな声がした。父兄が校長先生に呼び出されたとあればろくなことではない。

「先生はね、真美がクラスメートをいじめるというので心配していろいろ考えてくれたんだって」

「…………」

「で、どうなったと思う？」

「パパが先生に叱られた？」

「ハハハハハ、その反対だよ、先生はきみを九月から五年生にしてくれるんだって。わかったか。きみは四年生を飛び越して五年になるんだよ。でも先生がおっしゃるには、きみはがんばり屋だから、きっと五年の授業についていけるってよ」

「えッ」

電話の向こうで真美さんの飛び上がるのがわかった。本人は身におぼえがあるので、たぶん両親がお説教されたくらいにしか思わなかったろう。それがなんと逆に飛び級の話だ。

「パパ、それってホント？」

「ほんとだよ」

「…………」

「パパが嘘ついても仕方がないだろ」

「パパ」

「うん」

「嬉しい……」

「そうか」

「………」

言葉が切れた。涙をこらえているようだった。一週間前とは違った、新しい感激の涙を。

電話を切った清さんは改めて教育者としての松方先生の偉大さを思った。先生は飛び級という処置が真美さんという性格の子供にどういうメッセージとなって受け取られるかをすべて見通しておられたのだ。同じ処置でも受け手によって影響はちがう。生徒の個性に合わせて最善の処置を考える——それは日本のような画一主義の教育精神からは生まれないものだ。西町インターナショナル・スクールという小さな国際学校を設立されたときから、おそらく、松方先生はそうした手づくりの教育を目ざしておられたのであろう。

自分は五年生になれるんだ。その思いで真美さんのすべてのもやもやは吹き飛んでしまったであろう。松方先生のメッセージはしっかと真美さんの胸に伝わり、それは限りない未来への展望、明日へ進む勇気、理解者を持つ喜び、こみ上げてくる自信などに化けたはずである。

八月の終わりに日本に帰ってきた真美さんはカリフォルニアの陽光に日焼けして逞しくなっていた。顔には出発するときとは大ちがいの明るさと自信とが溢れていた。出発ゲートで泣いていたあの女の子はもういない。それを見ていると清さんは「もうこの子の将来にはたいした危機は来ないのではないか」と思った。一人の教育者の英断が一人の生徒の危機を救い、救われた生徒はそれまでにない自信と誇りと希望に満ちて新しい第一歩を踏み出そうとしていた。

ベスは夏休みの間に二歳になっていた。こちらも訓練期間が終わり、一人前の大人の風格が出てきていたが、久しぶりに帰ってきた真美さんを見てくしゃくしゃになって喜んだ。ベスの喜びようといえば、シッポを振ったり飛びついたりという並のものではなく、長い大きな体全体が笑ってしまってヨレてしまうのである。

「ベス、おりこうさんになって、賞なんかもらったんだって」

ウン、ウンというようにベスは真美さんの顔をベロベロとなめた。

ベス仔ネコを拾う

一九八〇年、ベスは四歳になっていた。九月の最初の日曜日の朝のことだった。七時頃、清さんはベスの朝の散歩に出かけた。

その日は、前夜の雨が上がって、すがすがしい朝の日が射していた。つい先頃までの暑い空気はなく斜めの日差しはもう秋を思わせた。木の影もずっと長く伸びている。歩きながら、ふと気がつくと、ついてきているはずのベスがいない。しばらく立ち止まって待つことにした。その小径の左側は児童公園で隣は大きなマンションである。その公園の近くの繁みや草むらでベスはよくおシッコをする。だが、このときは様子がちがった。ベスは二分、三分と待ってもやってこなかった。ベスは姿は見せないが近くにいるはずなので呼んでみた。だが、いつもならトロットでハシってくるはずのベスが戻ってこない。仕方なく、見当をつけて繁みのほうに行ってみると、案の定ベスの姿が見えた。どういうわけか道路に腹ばいになり、こちらに尻を向けて、ゆっくりと尻尾を振っている。なにか、ベスの気に入ったものが、その向こうにあるのであろう。

「ベス」

と間近に呼ばれて振り返った犬ははじかれたように立ち上がった。「さ、いくぞ」と言うと、仕方なさそうに、のたりのたりと清さんのほうにやってくる。「よし、よし」。清さんは頭から首のあたりを撫でてやった。「何か面白いものでもあったのか」。そう言いながら、歩きかけた清さんがひょっと見ると、五メートルほど先のその繁みから、小さな、野球のボールほどの大きさにしか見えない生き物が、ベスの後を追うようにしてやってくる。それを見るとベスは再び尻尾を振り、件《くだん》の小さな生き物のほうに行きたいという身振りをする。チョコチョコと近づいてきたそのものは、なんとネコの子だった。

「かわいそうに捨てられたんだ」

と清さんはベスに言いながら、しゃがんでベスと肩を並べるようにして、ネコの子の近寄ってくるのを見まもった。

ネコはベスの手前までくると止まって、じっとベスのほうを見、やがて清さんの顔を見て、小さな口を開くと、聞きとれないほどの声で「ニャー」と言った。

「弱ったなベス。おまえについていきたいらしいぞ」

いつぞや、清さんの見た動物映画では、動物の子は、生まれて初めて見た、自分より姿の大きな生き物を、自分の母親だと思いこむようで、いくつもの実例を映し出していたが、その中には、卵からかえってまもないダチョウの子が、傍らを通りかかった人間のあとを追ってヨチヨチとついていく姿も見られた。いま目の前のこのニャン子も、あるいはベスを第二の母親と思っているのかもしれなかった。ベスのほうでも、子を生んだことのない四歳の牝ということで、このネコの子に母性本能が目覚めるのだろうか。それともベスの幼児記憶がよみがえってネコに対して親愛の情をおぼえるのだろうか。なにしろベスが生みの親や兄弟と別れて西井家にやってきたとき、最初に会った動物仲間はネコのニケだったからである。

「だがなあ」と清さんはベスに言った。「おれはネコを飼ったことがないんだよ」

思い出せば、清さんの子供の頃には、むしろネコといえばノラネコのことだった。サザエさんのマンガには、外から侵入してきたノラネコがチャブ台の上の焼き魚をくわえて遁走するような場面がまだ見られるが、あのようなシーンは戦前戦後では当たりまえのことだった。どこの家も開けっ放しだったし、庭から縁側にはすぐに上がれた。そこへ出没するネコは泥棒猫と呼ばれ、極めて用心深く、人の姿を見れば脱兎のごとくに逃げてしまう。四年前に出会ったニケを除けば清さんの知っているネコ一般とはそういうネコである。とても飼う対象ではない。

「さ、行こう、ベス」

清さんはベスの首輪に紐をつけ、引っ張るようにして立ち上がった。ベスは仕方なく、うしろを振り返りながら歩く。繁みを離れ、公園の土を横切ると小径に出る。小径に出たところで清さんが見ると、ネコの子はベスから一メートルほどのところをチョコチョコと懸命についてきていた。そこから五十メートルもすると、道幅の広い、かなり車も往来する道路に出る。とうとうネコの子はそこまでついてきてしまった。ほうっておけば、この道もついてくる気だろう。この道はヨチヨチ歩きの仔ネコには危険な道である。すでに何回か車に轢かれたネコの死骸を見てきている。

「おまえが犬だったらなあ」

清さんは道端にしゃがみこんでその小さな生き物に言った。

小さい時から清さんは犬が好きだった。当時は犬といえばみんな放し飼いで、犬舎につなぐ人や家の中で飼う人はごく少なかった。で、飼犬もノラ犬も区別がつかず、犬といっても雑種ばかりで、飼っているしるしの首輪をつけている家は少なかった。清さんたちは路上でツルんで離れなくなった犬たちを見ながら学校に通ったものだ。ある日、清さんは主のない仔犬を持ち帰って、縁の下で飼ったことがある。ミカン箱にボロを敷いただけのハウスで、餌は残飯にミソ汁である。それでも仔犬は清さんを主人と思いこんで、学校から帰ってくると足もとにまつわりつき、ベロベロとなめる。清さんの父親が犬を嫌いだったから、父親に見つかるともうダメなのだ。「捨ててこい」。鬼のような顔でそう言われると逆らえない。ボロボロと泣きながら、最後の残飯を食べさせて、それから犬を自転車に積む。たいていの犬はポチとかシロという名だった。遠く海岸のほうに行くと空家があったものだ。そういう空家の塀の向こうに犬をほうりこむと一目散に自転車のペダルを踏んで帰ってくる。泣きながらふとんに入り、父親を怨んでぶつぶつ言っているうちに眠くなってしまう。「おとなになったらきっと犬を飼ってやるからな、そう思えよ」。捨てゼリフを言う頃には半分寝ていた。

ところが、二、三日すると犬はどこからか戻ってきてしまう。学校から帰ってきた清少年を見て喜び、ジャンプしてベロベロなめる。捨てられたことを恨みもせず、ひたすら再会を喜んでいる犬を見ると清少年は泣けてきてしまう。

こうして、しばらく清少年と犬とのハネムーンが続く。だがある日学校から帰ってみると縁の下のシロがいない。つないであった紐が解けている。紐が自然に解けたためにどこかへ遊びに行ったのだろうと思った。夜になっても帰ってこない。放してやっても夜は縁の下に寝ているのがふつうだった。おかしいなと思っているうちに日が経っていく。ずっとあとになってわかったことは、父親が処分してしまったということだった。この犬嫌いの父親はどういうわけか戌《いぬ》年生まれだった。

いま道端にしゃがんで清さんは仔ネコの処置に困っていた。目の前にいる掌に乗るような小さなネコは必死になってベスのあとをついてくる。このネコをもう一度その辺の繁みにほうりこむのは簡単だ。しかし、もし、この子がそれにもめげず、ベスのあとを追ってこの道に迷い出てきたらどうなる。車に轢かれてあの道端の死骸のようになってしまったら……そのむごたらしい映像を頭から追い払うようにして、清さんは仔ネコをつまみ上げて掌の上に置いた。そこにはあのおびただしい数のネコの本に必ずついているあどけない仔ネコの顔があった。この顔に勝てる人はいないだろう。どんなに怒っている人だって、仔ネコの写真を見せれば、思わず笑みを洩らすかもしれない。仔ネコの顔は天使の顔である。この顔を再び繁みの中にほうりこむ勇気は清さんにはなかった。清さんは仔ネコを肩に乗せると家に連れて帰ることにした。

このベスの連れてきたネコの子が縁で西井家とネコの長く親密な関係が始まることになった。

第二章

ネコたちの由来

一九九七年七月の西井家の現況は次のようだった。人間からいえば、住人は清さんと奥さんの文恵さんだけ。長男と長女はアメリカに住んでいてほとんど帰ってこない。西井家の一年の大半は二人暮らしである。

犬は柴犬の久太《きゅうた》が一頭、十歳になったばかりだが、幼犬のときに車に轢かれたのがもとで、骨や筋肉の老化が進んでいて、散歩に連れ出してもゆっくりとしか歩かない。

ネコは内《うち》ネコが五匹、外《そと》ネコが五匹プラス・アルファの計十匹あまりである。内ネコとは家の中に飼われているネコのことで、先述のミーちゃん（十七歳）は長女と呼ばれる。次女のチーちゃんは十六歳、西井家の生存中の十匹のネコの中ではただひとり、この子だけがノラではなく出自の知れた子である。いまから十六年前、まだ清さんが会社勤めをしていた頃、社の先輩から言われた。「おい西井、おまえんとこ、ネコを飼ってるんだって?」(どこから聞いてきたのだろう)「おれんちのネコの子を一匹もらってくれよ。毎度、たくさん生むんでさ、困ってるんだよ」「手術しないんですか」「それがさ、おれも女房もズボラだから、放ってあるだろ。気がつくと生まれてんだよ」。清さんはちょっぴりその先輩におべんちゃらを使いたい事情のあるときだった。というのも清さんの企画しているプロジェクトにこの先輩が反対しそうな立場にあったからである。一人でも反対意見を増やさないためには、この際その仔ネコを引き取ろうかなと思った。

「そうさ、一匹飼っちまえば、二匹でも三匹でも同じだからな、頼むよ」

翌日、先輩は小さな平べったい段ボール箱に入れた仔ネコを持ってきた。色はオレンジと白のまじった、ミーちゃんとそっくりの色で、妹といってもよかった。ただシッポはミーちゃんの日本式の折れまがったシッポでなく外来種のようにまっすぐで長かった。これで先輩少しは恩に感じてくれるかなと思いながら清さんは段ボール箱を受け取った。しかしネコをくれたあとも先輩は少しも態度を変える様子はなかった。相変わらず清さんの取り組んでいるプロジェクトを支持する側にまわってくれる気配はなく、ましてや、あるとき一杯飲もうかと感謝の意を表してくれるわけでもなければ、「ありがとう」とお菓子の一箱もくれるわけでもなかった。清さんはいささか思惑が外れてホロにがかった。

しかし、もらわれてきたチーちゃんはそんな事情に関係なく、あどけなく、可愛かった。まだ母親の乳房が欲しかったのであろう。ミャーミャーと小さな声で鳴きながらミーちゃんにまとわりつく。するとどういう本能だろうか、まだ一歳になったばかりのミーちゃんはゴロンと横になり、お腹を出してやる。チーちゃんは喜んでミーちゃんのほんのわずかな乳首にしゃぶりつく。もちろん未婚のミーちゃんに乳の出るはずがない。でもチーちゃんは嬉しそうにしゃぶりつき、いつのまにかこの〝母親〟のそばでスヤスヤと寝入ってしまう。

「ねえ、見て、あなた。ミーちゃんがまたお母さんしてる」

文恵さんは眼を細めた。

三女はニャンちゃんといい、この年で十四歳になる。一九八三年九月、西町インターナショナル・スクールを卒業してアメリカの芸術高校《アーツアカデミー》に入学することになり、旅立つ直前の真美さんが拾ったネコである。その日は朝から雨が降っていた。午後になって、留学の荷物の中の何かが足りないからと、真美さんは雨の中を母親と買物に出ていった。しばらくして戻ってくると、ちょっと思いつめたような顔で「パパ、眼の潰れたネコの子がいるんだけど……」と言う。「どこに」と言えば、すぐ隣のマンションの庭の植込みで鳴いているという。「かわいそうなんだよ。眼が見えないのに……雨の中でさ」。その言葉には切実な調子があったが、清さんは少しためらった。盲目のネコだなんて、どうしてまた。「ねえ、拾ってやってもいいでしょ」。いつのまにか文恵さんも娘のうしろに立っていた。どうやら母と娘は合意が成ってパパにお願いしようと出てきたものであろう。こうした場合の父親はふつうでも逆らえない。まして父親の眼の前に立っている真美さんはまだ十五歳ながら、明日はひとり親もとを離れてアメリカに飛び、寄宿学校《ボーディング・スクール》に入るという。男親からすると健気にも哀れに思えているところである。だからたいていのことなら何でも言うことを聞いてしまう心境にある、そこへ盲目のネコときた。

「かわいそうなんだよ」

「眼が見えないのに……」

「雨の中でさ……」

真美さんの言葉が清さんの頭の中でエコーした。

こうして西井家のネコは三匹になった。真美さんは翌日アメリカに発っていった。

ニャンちゃんと名づけられたその仔ネコは痩せ衰えているうえに正視に堪えないほどひどい顔をしていた。潰れた眼から膿《うみ》のような目脂《めやに》が溢れている。文恵さんはニャンちゃんを掌にのせて、こまめにガーゼで拭いてやる。水で薄めた牛乳をやるとむさぼるように飲んだ。

あとで聞いたところでは、捨てられて栄養失調になったような生後二、三ヶ月の仔ネコは餓死する前に目脂が出て眼が潰れた状態になる。いったんそうなるとまもなく死亡するのだそうである。とすればニャンちゃんは危機一髪のところで拾われたといえよう。その朝までは隣のマンションに仔ネコが鳴いているのに気づいた人もいなかったから、おそらくは夜来の雨の中をさまよってどこからか歩いてきたのかもしれない。捨てられたのは何日前のことなのだろうか。

だがニャンちゃんは最後の生命力に恵まれていた。牛乳をむさぼるようにしながら飲んでいるうちに、ひょろひょろの足腰がしっかりするようになり、いつか膿のような目脂の出かたも少なくなってきた。拾われて一週間もしないある日、文恵さんが例によって掌にのせて眼を拭いてやると片眼がうっすらと開いた。

「あっ。この子、眼があいたわ……」。文恵さんは狂喜した。「盲じゃなかったんだわ」

「どれどれ」と清さんがのぞきこむとニャンちゃんのまだ目脂のたまった眼の上下の瞼《まぶた》の間にはほんの少しだが隙間ができており、心なしか清さんのほうを見ているような気もする。その眼はあいているともあいていないとも言えないほどに細く心もとなかった。

「見えているのかな」。清さんは半信半疑だ。眼があいていても見えないネコもいるからである。だがこのとき文恵さんはすでに確信していた。「眼があくのよ、この子絶対見えるようになるわよ」。その声に力があった。

翌朝起きてみると彼女の確信は的中していた。若い生命力の恐ろしさよ、ニャンちゃんの眼はパッチリと開いていた。まだ目脂はついているが、開いてみるとこの子の眼は特別まんまるな大きな眼であった。まるで顔じゅうが眼に見えるほどのパッチリした眼をして、文恵さんの掌の上でキョトンとしていた。

「まあ、驚いた。眼があいたらニャンちゃん、あなたはこんな大きな眼だったのね……」

文恵さんは感に堪えぬ様子だった。

そこへ電話がかかってきた。文恵さんが出た。

「あ、真美」

文恵さんの声が上ずった。清さんが時計を見ると八時半だった。いまこちらが朝の八時半だとすると……ミシガンは……夕方の六時半か……いや夏時間で七時半か……。

母と娘は学校の様子やら寄宿舎の部屋の模様などを話しているようだ。

「そう、元気ならよかったわ。で、どうなのそっちの天気は、寒い？」と文恵さんが聞く。娘の行った先はミシガン湖の北のはずれのまだ北である。そこから先はまもなくカナダ。母としては寒さが気になるところだ。九月の中旬といえばもうセーターが要るだろう。ところで、

「ねえ、ねえ、驚いちゃダメよ」

文恵さんの声の調子が変わった。

「あのね、あのネコの赤ちゃん、どうしたと思う……わかんない？…まさか、死んでないわよ……教えてあげようか……眼があいたのよォ……盲じゃなかったのよ……」

「エッ」

と娘が絶句した様子が清さんにもよくわかる。

「ウソ！」

という声が受話器から聞こえてくるようだった。

「ほんとよ、ほんとなの、今朝起きたら眼がパッチリあいてたの、それもまんまるの大きな眼なの、かわいいわよ……」

写真・中央の口のまわりが白い輪のようになっているのがミーちゃん。西井家が初めて飼ったネコで、公園からベスのあとを追ってきた。左のチーちゃんは清さんが会社の先輩からもらってきた。あまりに幼く、ミーちゃんの乳首にしゃぶりついて育った。そのせいかミーちゃんには絶対服従する。右のニャンちゃんは、真美さんがアメリカの高校に留学する前日に雨の中で保護した。眼が潰れていたが、回復して眼が開くと、特別まんまるな大きな眼だった

ベスのあとに飼った柴犬の久太《きゅうた》は心優しい牡犬だった。一緒に寝ているネコはミャー子。冷雨のなか泥と機械油にまみれて震えているところを文恵さんに拾われた。ミャーミャー鳴き続けた労をねぎらって、ミャー子と名づけた

公園の掃除のオバさんに弁当を分けてもらっていた仔ネコのシロ。元気がよく、しっかりした性格の、りこうなネコだった。オバさんが来なくなったあと、西井家の飼ネコになり順調に大きくなった

外ネコの3姉弟。郷里に帰る看護婦さんが文恵さんに託したミーちゃんは牡のシマと牝のクロを生んだが、写真の3姉弟はその牡のシマがどこからか連れてきた。左から尾の長い長子《ながこ》、短い短子《たんこ》、白と黒のまじった牡のシロクロ。シロクロにはファンの男性がいて、毎朝シロクロの顔を見てから出勤するために寄り道していた

文恵さんの声は嬉しくて泣きそうだった。受話器の向こうでも泣いていたかもしれない。

チンチラ騒動

真美さんは一九八四年、留学して初めての夏休みをしばらくカナダのバンフでの夏のセミナーで過ごしたあと、八月十二日、成田空港着の便で帰省した。清さんは彼女を成田まで迎えに行き、東京へ戻る車の中で、日航ジャンボ機行方不明の第一報を耳にした。この日航機は結局御巣鷹山に墜落するという悲惨な事態になるが、今アメリカから戻った娘が飛行機から降り立った直後だけに、この事件は清さんの心に深く突き刺さってのちのちまで忘れられないものとなる。

その翌年、二回目の夏休みで帰省していた真美さんが、ある日、机に向かって仕事をしていた清さんに、思いがけないことを言った。

「パパ」

「ウン」

「チンチラ飼おうよ」

「えっ」

「チンチラ……かわいいよ」

なんだって……清さんの頭は忙しく回転した。清さんの貧弱な動物学的知識によれば、チンチラというのは金持ちのご婦人用の高級毛皮のことである。毛皮を提供するそのチンチラはネズミとかモルモット、リスなどの親戚の動物で、南米かどこかに棲んでいる、といったことしかわからない。そんなものを飼ってどうしようというのだろうか。だいいち、娘はまもなく夏休みが終わると、アメリカの学校へ戻っていってしまうのだが……。

「だからパパが飼うんだよ。どうせウチにはもうネコが三匹もいるんだし……」

娘は母親とお使いに行ってケンネルの前を通り、チンチラを見てあまりの可愛さに釘づけになり、パパにすすめて買ってもらおうということになったという。結局、夕方、清さんの手が空いたところで件のケンネルまで連れていかれることになった。出かける前に清さんは念のために百科事典を引いてみた。

「チンチラ——チンチラ科の哺乳類。アンデス山脈に分布。体長約二五センチ。耳介《じかい》が丸く大きい。毛は灰青色と黒の霜降りの二種がある。」

そこに掲載されている写真はどうみてもハムスターかなにかの仲間にしか見えなかった。だが、見ているうちに思い出したのは、真美さんが西町の小学生の冬休みかなにかのときに、学校からギニ・ピッグだかハムスターだかを籠に入れたまま預かってきて、しばらく餌や水をやっていたときのことである。だが清さんの眼から見ると、その動物は〝可愛い〟というにはほど遠かった。

約束どおり夕刻になると清さんはそのケンネルの前に連れていかれた。

「ほら、ごらんよ、パパ、かわいいだろ」

清さんはそう言われて、さして大きくもないウィンドウを見渡したが、どこにもそれらしい動物はいなかった。

「どれだい、どれ」

「なに言ってんの、こんなにいるじゃない。ほら、これでしょ、これもそう」

「これ？」

「そうだよ」

「これって、もしかしたらネコじゃない」

「そうだよ」

「おまえ、ネコじゃなくてチンチラ買うんだって言ったじゃないか」

「チンチラだよ。これがチンチラなんだよ。これが一番かわいいんだけど、パパがいやなら奥にブルーもいるよ。見る？」

連れていかれて清さんの見たものは深い青に輝く立派な毛皮をまとっていた。それはアメリカの知人の家で見たことのあるペルシャ猫というやつだ。

「これはペルシャ猫じゃないか」

「そうだよ。チンチラっていうのもペルシャ猫だよ、パパはなんだと思ってたの？」

かくして西井家に初めて淡いグレーのペルシャ猫がやってきた。その優美なことは驚くべきで、幻のお姫様のようでもあり、舞いおりた天女のようでもあった。高く掲げたシッポは歩くたびにふわりふわりとたなびくのである。それはシッポの丸まった日本猫ばかり見てきた眼には思わず見惚れるほどに美しかった。

公園のオバさんとシロ

それからも西井家には一年に一匹、ないしは二年に一匹の割合で捨てネコが拾われてきた。最後に拾われた内ネコがシロである。西井さんちに隣接して児童公園がある。ここに毎朝早く軽トラックを乗りつけて掃除をするオジさんとオバさんがいた。二人は夫婦らしく、掃除が終わると天気のいい日は公園のベンチに並んで朝食の弁当を使う。雨の日はトラックの中である。

この二人が弁当を使い始めると、いつからか、小さな白い仔ネコが前に来て坐るようになった。オバさんはネコ好きらしく、「おやシロちゃん、おまえどこから来たんだい」というようなことを言いながら、弁当を少し分けてやる。「これカツオだよ。おまえカツオはきらいなのかい。それとも味付けが濃すぎたかしらね。食べないのかい。食べなよ。よしよし、それじゃ白いゴハンをもう少し上げるよ」

犬の朝の散歩の帰りにこの公園を横切る文恵さんはいつとなく、このオバさんたちと口をきくようになった。「ほんとにねえ、だれがこんな可愛い仔ネコを捨てるんだろうね。捨てたやつの顔が見たいくらいだよ。今じゃあたしになついちゃってさ」

オバさんはそのうち弁当を三個持ってくるようになった。一個はネコ用の皿である。

ところが、ある日この掃除のオバさん夫婦が来ない日があった。仔ネコのシロちゃんは主のいないベンチの前にしょんぼりと坐っていた。文恵さんは犬の久太を連れているのでシロは近寄ってこない。次の日もオバさんのトラックは来なかった。次の日も。そしてオバさんが現れたのは四日目のことだった。

文恵さんは心配して聞いた。

「どうなさったの、風邪でもひいたの」

「なあにネ、予算がないとかでネ、公園の掃除は四日に一ぺんでいいって、区役所で言われちまったのよ。おお、おお、シロちゃん、待ってたかい。すまないねえ。どっさり持ってきてやったよ。ほらおまえの好きなオカカのごはんだ。おまえ好きだろ。たくさん食べなよ。たくさん食べて元気でいるんだよ。すまないけど、オバさん毎日は来れなくなっちゃったからね」

オバさんは食べている仔ネコの背中を撫でながら、心なしか鼻をつまらせているようだった。

オバさんの出現が四日に一度になったと聞いてからは、文恵さんは犬の散歩が終わると小皿にキャッツフードを盛ってオバさんの代わりにシロのベンチの前に届けることにした。シロはそうした文恵さんにも甘えるようになった。ところがある日、気がついてみるとオバさんたちは四日に一ぺんのはずなのに、いつかパッタリと姿を現さなくなっていた。

シロちゃんは順調に大きくなっていった。とても元気がよく、頭のいい、神経の太い子であった。ここは児童公園だから、昼間、近くの保育園から引率された子供たちが大挙して現れることがある。そんなとき、シロは人なつこく子供たちの中に顔を出すのだ。すると「カワイイ」といってシロに近寄り、撫でてくれるような子もいる。だが子供は必ずしも天使ばかりとは限らず、中には「オイ、コノヤロウ」などといってシロを蹴とばす子もいる。蹴とばされてシロは「ギャオ」というが、別に逃げ去るわけでもなく、自分も子供たちのひとりのような顔をして遊んでいる。いつぞやテレビで観たペリカンは、朝になると動物園から飛んできて幼稚園に向かう園児たちの行列の中に入って一緒になって歩き、幼稚園ではすっかり園児たちの仲間のひとりになってお遊戯をしたり遊んだりし、園児たちが帰宅してしまうと自分も動物園に帰っていくのだ。シロもこのペリカン同様に園児に仲間意識を持っていたかもしれない。

オバさんたちが来なくなって何日たったろうか。文恵さんは思い出すたびにシロのために餌を運んでいたが、シロは文恵さんの姿を見るとどこからか音もなく現れる。あるとき文恵さんはシロを抱きながらこう言い聞かせた。

「シロちゃん、ほら見てごらん。その塀よ。わかる？　その塀よ。その塀のむこうがウチなのよ。わかった？　私が来られない日があって、お腹が空いたら、いつでもいいから、その塀を乗り越えていらっしゃい。いいわね」

文恵さんが仰天したのは、翌朝、表の戸をあけて外に出ると、なんとシロが家の前にチョコンと坐っていたのだ。シロは文恵さんの顔を見てあどけない顔で「ニャオ」と言った。「ワタシ、キマシタ」と言っているかのようだった。

こうしてシロは西井家に飼われることになった。

それから半年も経ったろうか。ある朝二階のベランダで文恵さんが花に水をやっていると、眼の下の公園に見憶えのある軽トラックが止まっていた。見るとあのオジさんとオバさんが屑籠を掃除している。文恵さんは思わず叫んだ。

「オバさーん」

声が届いたらしく、オバさんは振り向いて声の主を探し始めた。

「ここよー」

文恵さんが手を振るとオバさんは公園の横の二階のベランダに気がついて手を振り返してきた。

「オバさん、公園にいたネコのシロちゃんだけど、いまウチにいるのよ。すぐ連れてくるから見てやってー」

文恵さんは家の中に入って急いでシロを探すと、抱き上げてベランダに出た。オバさんは近くに来ていた。

「ほら見て、シロちゃんよ」

文恵さんはシロを両手で高く差し上げてオバさんに見せた。

「まあ、シロ、すっかり大きくなっちゃったじゃねえか。うまいもんたくさん食ってるんだろう。なあ、ハハハハ」

オバさんは久しぶりにシロを見て嬉しそうだった。

「オバさん、また毎日来られるようになったの」

と文恵さんが聞いた。

「イヤ、きょうだけだよ。臨時だね。きょうはここへ来いって言われてさ、来たんだけどさ、シロにまた会えてよかった。なあシロ、しあわせそうでよかったじゃねえの。またいつ来れるかわかんねえけど、元気でいろよ。もうシロの家はわかったから、今度くるときはオカカのごはんを持ってきてやるからな。元気で待ってろよ……」

オバさんは手を振ってトラックのほうに戻っていった。シロはあきらかに以前に食事をくれたオバさんであることがわかったらしく、じっとそのうしろ姿を見つめていた。

それから六年の歳月が経つが、文恵さんがオバさんの姿を見たのはそれが最後であった。

外ネコたち

西井家にはそのほかに〝外ネコ〟というのが数匹いる。数匹というのは、しばしば数が入れ替わるからである。彼らは基本的にはノラネコである。捨てられて外に暮らしているネコには二種類あり、もとは人間の家で飼われていた仔ネコだと捨てネコになっても人になじみ、人のあとを追うが、最初からノラネコの子として生まれ育ったネコは警戒心が強く、人から餌をもらうことはあっても、抱かれるようになるには、まず年月がかかる。だから西井さんちでも人間に捨てられたネコの赤ちゃんを拾ったときには家の中に入れて飼うが、その一方で、ノラネコの子たちは家に入れない（入れられない）。そうしたネコたちで餌の時間になると集まってくるのが西井家の〝外ネコ〟である。外ネコでもなじんで抱かれるようになった子は時期を見て中江先生に避妊去勢の手術をしてもらう。そんなとき中江先生は手術代を受け取ろうとしない。「かわいそうなネコの命を救けていただいているのですから、手術代なんかいただいては罰が当たります」。「いいえ、先生、それでは次からお願いできなくなりますから」。文恵さんは背を向けて歩き出す先生の上着のポケットに無理矢理に封筒をねじこむのだ。

一番古い外ネコは〝お母さん〟と呼ばれている。彼女は年齢不詳で十歳をとっくに越えている。黒い毛とオレンジの毛がムラムラに生えていて、ひどく見栄えのしないネコである。もともとは西井家の二軒先のマンションに住んでいた病院勤めの看護婦さんが朝夕に餌を与えていた〝ノラネコ〟である。ある日、夜勤に出ようとするとき、自分の住むマンションのそばの繁みでお腹を空かせていた仔ネコを見つけ、かわいそうに思い、部屋に戻って冷蔵庫から豆ちくわを出して、小さくちぎって与えたら仔ネコは嬉しそうに食べたというのが、彼女とこのネコの出会いである。彼女は看護婦という仕事の性質からシフト制で出勤や帰宅の時刻は不規則だが、どうしてわかるのかこのネコは、夜遅くであろうが、夜勤明けであろうが、彼女が家に戻ってくると、ニャーと顔を出すのだ。最初は偶然だと思ったが、二回、三回とお出迎えを受け、このネコが彼女を特定して出迎えていることがわかると、彼女はいとしい気持ちでいっぱいになってしまった。以来彼女はいつもバッグにこのネコの好物の豆ちくわか、ウィンナ・ソーセージをひそませて通勤するようになった。愛情がつのるにつれて、彼女はこのネコ（ミーちゃんと名がついた）をマンションの自室で飼おうと思うようになった。自分の勤務中に車にでも轢かれてはと心配になったからである。しかし管理人の女房は眼を三角にして怒った。「冗談じゃない、うちのマンションの規則では動物は飼えないのよ」。にべもなく一蹴されたが、あとで聞くところではこの管理人夫人は大のネコ嫌いであるということだった。

ある夕方、文恵さんが外ネコたちにいつものように餌を与えているとき、その看護婦さんが現れて、文恵さんの様子を見ながらたたずんでいる。その足もとにまつわりついているネコがおり、ミーちゃんというのだと紹介された。

問わず語りに看護婦さんに聞いた話はすでに紹介したようなミーちゃんの由来記であった。そして彼女がミーちゃんに餌をやり始めてからもう四年になるという。「この子は手術をしていないんです。でも、もう五歳になろうというのに、一度も妊娠したことがないんです。生まれつき虚弱児だったのか、それとも仔ネコで捨てられて栄養不良だったために子宮や卵巣が育たなかったのでしょうかしらね。だから避妊手術をしたこともないし、今後も手術は必要ないと思いますけど……」

ところがいま看護婦さんの実家の事情が急転し、彼女は病院を辞めて田舎に帰ることになったという。彼女のたった一つの心残りはミーちゃんのことである。

「連れて行きたいんですが、父が病気で寝たきりになりまして、それで私が田舎に戻って面倒を見ることになったのですが、兄夫婦は共働きの上に子供が四人もいて……」

ネコを連れ帰るどころではないのである。

「でも、こちら様では、ほかのネコにも食事を与えておられるようですし、大変言いにくいんですけど、今後は私に代わってあの子を可愛がってやっていただけませんでしょうか」

それだけ言うと看護婦さんはうなだれてしまった。「私ももう歳ですし、結婚したこともなく子供もいないという身ですから……」。どれほどネコのミーちゃんに思いを注いでいたかは問わずにもわかる。傍目にもミーちゃんとの別れはいかにもつらそうであった。

「ええ、もちろん。お預かりしますわ。で、お引越しはいつ……」

それは四日ほどあとのことだった。朝からトラックが来て、段ボール箱が次々に積みこまれ、洗濯機やら家具やらが積みこまれると、トラックは出ていった。見送った看護婦さんは文恵さんのところへ挨拶にきた。

「これ、おしるしだけですけれど」

と言って、お菓子の入った紙袋を差し出した。

「まあ、そんなお心遣いを頂いて……」

「これを……」

それから看護婦さんはもじもじしながら、別の小さな紙袋を取り出した。

「何でしょう」

文恵さんがあけてみるといつもの豆ちくわのほかにウィンナ・ソーセージのパックが二つ入っていた。

「あの子の好物なんで……」

看護婦さんがいつも勤務明けに二十四時間営業のコンビニで買ってきて与えていたものだ。

「あの子に上げてくだされば……」

と言うと看護婦さんの眼から大粒の涙がポロポロとこぼれて落ちた。

「では、私もう行かなければなりませんので……くれぐれもよろしくお願いいたします」

思いをあとに残して看護婦さんは去っていった。角を曲がるとき、もう一度振り返り文恵さんに向かってお辞儀をした。

ミーちゃんはその夕方から西井家にゴハンを食べに来るようになった。事情は何もかもわかっているようであった。動物のこの種の賢さというのはどこからくるものなのであろうか。しばらくするうちに朝も食べに来るようになった。文恵さんが犬の朝の散歩から戻るのを待っていて、「ミャッ」と小さな声で短く鳴く。それが食事をねだる挨拶である。

一匹の外ネコに餌を与えると、いつのまにか別のネコが現れる。それにも与えるとまた別のネコが……というぐあいで、西井家の外ネコの数はふくれ上がり、キャッツフード代もバカにならならぬほどになるのだが、よくしたもので、外ネコたちはあるとき気がついてみると姿が見えなくなっている。ある者は拾われ、ある者は車に轢かれ、ある者はどこかに場所を移し、そしてある者は死んでいくのであろう。というわけで外ネコの数には増減があり、正確にはわからない。

いろいろなネコがいた。名前をつけるのは清さんの役だが、頬に傷のある牡ネコは「丹下左膳」と呼ばれた。いかにも汚くて図体の大きいのは「ドラ（ネコ）」。そのドラが連れてきたのはなんと、すらりとした美形の牝で「オリーヴ」（ポパイの恋人）と名がついた。「ドラもやるもんだね。こんな可愛い子を連れて歩くなんて」。清さんはしきりに感心した。黒っぽい縞のネコは「シマ」。黒と白のまじった子は「シロクロ」、シッポの長いのは「長子《ながこ》」、同じく短いのが「短《たん》子《こ》」、タヌキのような顔をした牝ネコは「タヌキ」、それにそっくりで体の大ぶりなのは「大ダヌキ」と名がついた。というぐあいに、多士済々の出入りがあったが、それらの列伝は別の機会に譲ろう。

第三章　チョッちゃん現れる

七月も終わりに近い朝のことだった。暑くなりそうな予感のする日だった。文恵さんはいつものように外ネコのミーちゃんとシロクロにキャッツフードの皿を与え、ミルクの好きなミーのためにミルクの入ったカップを用意し、ふたりが食べるのを見ていた。終わるまで見届けて、あとの片づけをするのも文恵さんの仕事である。というのも、ミーもシロクロも食べ方にムラがあり、たいていは皿に残すのである。残った餌が眼につくところにあれば、すぐにカラスがやってくる。だから食事の終わりを見届けると、文恵さんはさっさと片づける。カラスの眼はよく見える。シロクロたちの住む一階の通路は奥に向かって七メートルもあるが、その一番奥にある皿でも、少しでも食物が入っているように見えればカラスは図々しく歩いて入ってくる。ネコの残した餌にありつけることをいったん憶えると、その時間にあらかじめ飛来して、近くで餌の出るのを待つようになる。カラスがたむろするようになると、清さんや宮さんの車といわず、通路といわずカラスの糞がびしゃっと落ちてくるということになる。カラスの糞は鳥の中では量が多い上に臭い。掃除も大変だが、ひどく不衛生だ。そうした被害をさんざんなめたあとで、とにかく「ネコの残した餌は即刻片づける」という不文律ができて、ご苦労ではあるが、文恵さんがネコの食べ終わるまでつきあっているのである（それを実行するようになってカラスを見なくなった）。

だがその朝はいつもと様子がちがった。ふと気がつくと、ネコが餌を食べる姿を遠くのほうでじっと見つめている犬がいたのである。

ネコもそうだが、文恵さんは犬も愛している。ずっと以前、結婚する前にはワイアー・ヘアードの牝を飼っていた。この犬はマギーといった。マギーはベン・ケーシーの恋人の名である。ベン・ケーシーは当時はまだ文恵さんの恋人だった清さんがテレビ局に勤務していた頃にアメリカから購入した映画で大ヒットした。マギーはそれにちなんだ命名である。

やがて結婚してふたりは目黒のマンションを新居にした。そこの管理組合には犬を飼ってはならないという規定はなかったので、マギーは一緒に住むことになった。しばらくすると清さんの友だちのハワイ二世の人から、ワイアー・ヘアードの牡をプレゼントされた。姿のいいこの牡は、当然マギーの相棒としてベン（ケーシー）と名づけられた。

文恵さんに長男が生まれ、犬のカップルにも子供が生まれ、ベランダで元気に育っていった。

やがて五匹の子供はそれぞれに貰い手がついてお嫁入りした。ということが繰り返され、文恵さんの二人目の子供の出産が近づいた。長男が生まれたときには、産院を退院した翌日から犬の散歩に出た文恵さんだった。そして赤ん坊の長男を育てながら二回も犬の出産の面倒を見てきた。しかし今度は事情がちがう。長男はまだ三歳。そこに次の子が生まれてくる。どうやって二人の子の面倒を見ながら、犬の面倒までみるのだと清さんは言った。犬を手放す……そんな日がくるとは文恵さんは一度も思ったことがなかった。「そんなこと……」。でも当時はサラリーマンの清さんは昼は家にいない。三歳の子に赤ん坊に、犬が二匹とその子供まですべて文恵さんがやるなんて……「おまえの体がもたないよ」。

長い沈黙があって、言葉があって、また長い沈黙があって、文恵さんは犬を手放すことに、出産の前の日に涙を隠して同意した。

二人目の子供が生まれた。女の子だった。真美と名づけられた。文恵さんが退院する日までの一週間は犬の散歩は清さんの仕事だった。朝出勤前に二匹の散歩をさせると、夕方はいい加減な理由をつけて早目に退社してきて散歩に出る。

事件の起きた日は日曜日だった。清さんはふだんより遅目の朝の散歩に出た。牡のベンが電柱で小便をしているとき、マギーが綱を引っ張った。

「おい待て、マギー。ベンがおしっこしてるからな」

その途端であった。マギーは恐ろしい勢いで走り出したため、綱は清さんの手から放れてしまった。

「おい、マギー、マギー……」

清さんはベンを連れてマギーのあとを追ったが、マギーは綱をつけたまま全速力で走り、みるみるうちに清さんを引き離して見えなくなってしまった。見失ったお寺の角のあたりで、しばらくマギーの名を呼んでみたが、もちろん出てきたりはしない。彼女の走り方は見たこともない異常なもので、「なにものかにツかれた」ようであったから。清さんはしばらくは茫然とベンチに腰をおろしていた。今まで四年間マギーと暮らしてきた。マギーは多少神経質ではあるが、ヒステリーを起こしたり、パニックに陥ったりする子ではなかった。それがなぜに突然の暴走……。

ベンはよそから来た子だが、マギーは文恵さんが独身時代に自分で買ってきて仔犬のときから育てた子である。それを暴走させてしまったとは産院の文恵さんにどんな顔をして言えようか。

だが事件のてんまつを聞いた文恵さんは静かに言った。

「いいのよ、マギーはあたしたちの会話を聞いて知っていたのよ。自分がいずれどこかにもらわれていく身だってね。それは悲しかったでしょうよ。だから私たちに見捨てられる前に自分で出ていったのよ」

文恵さんはずっとあとになってもマギーの夢を見た――死んだ子の歳を数えるように。

ベンは幸い二百メートルほど離れた桜田さんがもらってくれることになった。もらわれていったあとは、折にふれて桜田夫人から「ベンは元気にしてます」という報告があった。

二年ほどしたある日、なんの偶然か清さんと文恵さんは桜田家の前を通りかかった。その家は大きな前庭があり、コンクリート・ブロックの塀で囲われている。夫妻が話しながらそこに差しかかると、突然塀の中から犬の吠える声というか悲鳴のような声がし、その声の主である犬が、猛烈なジャンプを見せて飛び上がり、頭が塀の上まで出る。「あっ、ベンちゃん」思わず夫妻は叫んだ。

それはまちがいなくベンであった。「お父さん、お母さん、ボクうれしい。ボクこんなところにいるんだよ、ねえ、ボクうちに帰りたいよ」。ベンの悲鳴に似た声はそう言っているように聞こえた。もし清さんが桜田家の門をガラリと開けたら、きっとベンは飛びついてきて、二度と桜田家に戻らないと言うことだろう。犬は何年経っても飼主を忘れないという言葉の見本のようなベンの姿がそこにあった。

「ベンちゃん、ごめん、許してくれ、な」

清さんは心の中でそう言うと足早に桜田家の前を立ち去った。

それ以来、清さんはベンのことを思い出すたびにベンを見捨てたという罪の念にとらわれるようになった。それから十年あまり経って――西井家はすでに別の場所に引越していたが――桜田さんの奥さんから電話があった。

「ベンが老衰で、先生はもう間もなくの命だろうとおっしゃってます。もしよろしければベンに会ってやってくださいますか」

心優しくも嬉しいお招きであったが、ふつうのセンスでいえば、十年以上も前に手放した犬が死にそうになっても会いに来いという招きはないであろう。清さんと文恵さんはそろってベンに会いに行った。

「よくおいでくださいました」と桜田夫人。「お忙しいところをこんなことでお呼び立ていたしまして申しわけございませんが、実はベンちゃんは一生の間あなた様方を忘れなかったものですから、せめて死ぬ前に一度会わせてやりたいと思いまして、わざわざお越しいただいたようなわけでございます」

清さんと文恵さんが恐縮しながら通されたお座敷の一隅でベンは温かく毛布にくるまれて横になっていた。

「近ごろボケが進んでおりまして、お二人のこともよくわからないかもしれませんが……」

「耳は聞こえるんですか」

「少し聞こえているようですけど、大きな音がするとそちらのほうを見ますので」

文恵さんがまずにじり寄って声をかけた。

「ベンちゃん……ベンちゃん……聞こえる？」

ベンはほとんど無表情だった。文恵さんが背中を撫でてやったが、特に反応は見せなかった。

「ベンはおたくのことをずっと忘れませんでした。何かの折におたくの曲がり角を通りかかりますと、ベンはもう夢中で引っ張りまして、おたくのマンションに入ると言ってきかないんです。それをなだめすかして帰ってまいりますんですけど……。一度なんか主人が一緒でしたが、あまりベンがおたくに戻りたがるもので、主人は少し腹を立てまして、ベンをきつく叱ったんですね。そしたらベンは少しおとなしくなりましたのですが、しゃがみこんだまま動きませんので、仕方がございません、主人が抱き上げまして家まで連れてきたことがありました」

清さんはその話を聞いていられなかった。「すまなかったな、ベン、すまなかった」と心の中で詫びた。

文恵さんがベンの背中をさすり続けながら語りかけた。

「でもベンちゃん、ウチにいるよりしあわせだったのよ、大事にしていただいて良かったでしょ」

ベンは聞こえてか聞こえないでか、相変わらず無表情だった。

帰る時が来た。文恵さんと清さんは桜田夫人にベンの面倒を見ていただいたこと、きょうわざわざお招きいただいたことに、かわるがわるお礼をのべ、ベンに最後のサヨナラを言うと立ち上がって帰りかけた。

すると、動けないはずのベンがよろよろと立ち上がったのである。

「あっ」

と思わず三人が駆け寄ったが、ベンはまたすぐに横になり、もとのように無表情に帰ってしまった。そのベンにもとどおり文恵さんが毛布をかけてやった。

「さよなら、ベンちゃん」

文恵さんの最後のお別れとともに夫妻は桜田家を辞した。ベンが死んだという報せはその数日後に届いた。


ベンの死の報せからしばらくして夫妻で渋谷を歩いているとき、小さなケンネルがあって、小犬が二匹ウィンドウの中で遊んでいるのが見えて、清さんが足を止めた。それはワイアー・ヘアードではなかったが、テリアの系統の仔犬だった。二匹は一緒に生まれたのであろう。上になり下になり取っ組みあいの最中である。予期せぬところを噛まれてキャンと悲鳴を上げることもあれば、起きなおって本気で「ワン」とばかりに吠えることもある。あとはゴロゴロ、ウーウー、ドタンバタン、見ていて倦きることがない。

文恵さんがそっと聞いた。

「あなた、犬飼いたい？」

「ウン」

と言ってから、しばらくして清さんが言った。

「いや、ベンやマギーにはすまないことをしたと思っていたんだ」

「そうね」

仔犬の戯れを見ながら、二人の胸をよぎっていたのは同じ思いだったかもしれない。ポツポツと降り始めた雨に、清さんは傘を開き二人は一つの傘に入って歩き始めた。

ネコに食事をさせている文恵さんをいま、五、六メートル離れたところからじっと見ている今朝の犬はベンくらいの大きさであったが、見かけない姿態で、なにかの雑種のように見えた。見知らぬ家に来たせいであろう。おどおどしているようにも、遠慮しているようにも見える。それでもじっと一心にネコの食べている姿を見つめて動かないのは、食物が欲しいという心のように見えた。

シロクロが食べ終わった。きょうは皿に半分ほど残している。その日によって食べる量が違うが、甘ったれでわがまま坊主のシロクロは多分に気むらである。食べ終わるとプイと歩き出す。ミーちゃんはまだ食べている。彼女は少しずつ、くちゃくちゃとゆっくり食べるので、じれったいほど時間がかかるのだが、きちんとかなりの量を平らげ、ミルクをなめ、坐り直して口のまわりをなめ回して「ごちそうさまでした」という風情で文恵さんの顔を見る。

「もういいのね、片づけるわよ」

文恵さんはそう言って、ミーちゃんの皿の食べ残しをシロクロの皿に移した。彼らの皿は植木鉢の下に水受けのために敷く小さなプラスチックの皿である。大きさも深さもネコの一回ぶんにはちょうどいい。きょうの二匹の食べ残しを合わせると皿の半分以上になる。いつもならこれにラップをして夏は冷蔵庫にしまっておく。

だがきょうは少し違った。犬はまだじっとこちらを見ている。おそらく欲しいにちがいない。

「あなた、これ欲しいの？」

どうもそのようだ。まだじっと見ている。

「じゃ上げるわよ。こっちに来て食べなさい」

文恵さんはしゃがんで、皿の中のキャッツフードを犬に見せてやった。犬はもじもじと動いた。

だが近寄ってはこない。

「よしよし、怖いのね。じゃ持ってってあげるからね」

文恵さんが立ち上がって、皿を手にゆっくり近づいていったが、犬は逃げようとしないからやはり餌が欲しいのであろう。文恵さんが二メートルほどのところまで近づくと、犬は一歩、二歩と後ずさりした。

「怖くないのよ。じゃ、ここに置くからね」

文恵さんはそれ以上の接近をやめ、お皿をその場に置くと、あとずさりをして戻った。犬はしばらく様子を見るように、餌と文恵さんの顔を見比べていた。

と、突然に、小走りに餌の皿に近づき、これ以上はがまんができないというふうに皿に首を突っこんだ。ガプ、ガプ、ガプと恐ろしい勢いでキャッツフードを呑みこむ。噛むもなにもありはしない。丸呑みなのだ。全部平らげるのにおそらく何秒もかからなかったであろう。瞬間のできごとだった。

文恵さんは呆気にとられた。生まれて初めて、そんな猛スピードで食べる犬を見たのである。

「まあ……すごいわねえ、あなた、そういう食べ方なの？　それともお腹が空いてるの……」

犬はじっとしている。もう少し食べたいのだろうと思って文恵さんは皿を取りに近づいた。犬は二歩ほどあとずさりしたが、それ以上は逃げなかった。文恵さんは皿を手にして戻り、倉庫からキャッツフードの袋を出して、お皿いっぱいに盛り上げた。この犬が残していってもネコがあとで食べるだろうと。

「さ、食べなさい。残してもいいよ」

文恵さんは犬から二歩ほど手前に、こぼれ落ちるほど山盛りの皿を置いて戻った。

今度は犬にためらいはなかった。皿に向かって突進すると、ガプガプガプとあっというまに平らげた。どう見てもほとんどそれは丸呑みであった。固形のキャッツフードを嚙まずにそのまま呑み下してしまうのである。

「まあ驚いた。山盛りがひと口なのね」

犬はくんくんと周りの匂いを嗅ぎながら皿からこぼれた餌を拾って食べ、最後に、もう残っていないかと皿の中に鼻を突っこんで嗅ぎまわった。残量ゼロとわかったところで首を上げて文恵さんを見た。

「もういいでしょ、明日またいらっしゃい」

文恵さんが皿を取り上げると、犬は、もしやもう一度という期待があるのか、しばらく文恵さんの様子を見ていたが、文恵さんが皿を片づけてしまうのを見届けると、あきらめたようにうしろを向いて歩き出した。その足取りは次第に速くなり、小刻みにチョッチョッチョッと走り始めた。西井さんの家の前の道路は、右手のほうから来て、家の前で右に曲がり、正面に五十メートルほど進む、そこでもう一度右に曲がってもとの交通量の多い通りに出る。その五十メートルほど正面に延びた道の突き当たりは公務員宿舎になっている。犬はその建物の敷地に入り見えなくなった。

「犬がネコのメシを食べに来たって？」

「そうなの」

その日の清さんと文恵さんの朝食の話題はもっぱらこのむさぼり食べる犬のことだった。

「どこの犬だい」

「見たことのない犬で、わからない」

「この辺の犬はみんなおまえの知り合いじゃないのかい」

「そうなんだけど」

実際、文恵さんはこの近所一キロ四方の犬のことはほとんど知り尽くしているといっていいくらいだ。それなのに、その朝来た犬は新顔だという。

「ノラ犬だろうか」

「どうかしら」

「おまえの知らない犬じゃ、ノラ犬だろう」

「でも首輪していたみたい……よく見なかったけど」

「いまどき飼犬が他人《ひと》の家にメシをもらいに来ないだろう」

「それはそうね。じゃノラ犬なのかしら」

「どんな犬だい」

「色は何色っていうか赤っぽいグレーっていうか」

「日本犬か」

「雑種じゃないかしら。初めはワイアーみたいなテリアかと思ったけど、耳が立っているし、色が違うでしょ……それに体が細いの。ノラ犬なのかしら……」

「うーむ。わからんね。いまどきこの辺じゃノラ犬ってのも珍しいからな」

一九七〇年代なら東京にはまだ野犬はたくさんいた。清さんの家のそばにも数十坪の空地があって、野犬の一団がたむろしていた。ときどき保健所から捕獲員が来る。犬たちは心得ていて、その姿を見るとちりぢりになって逃亡してしまい、つかまってもせいぜい一匹である。夜になると彼らはまた戻ってきて集団になる。しかしその野犬の群れも時の流れとともに少なくなり、いつのまにか消えてしまい、その空地にも家が建った。

「しかし、捨て犬、迷い犬ってこともあるな。これだけ捨てネコがいる世の中だから」

とはいうものの、犬はよほど遠い所に捨てないと戻ってきてしまうので、捨てる人は遠い山の中に捨てにいくという。清さんの友達の寺田さんはすばらしいボクサーを飼っているが、それは箱根の山中の峠の土産物の売店でもらってきたものだ。

「あの辺に犬を捨てる人が多いらしいんですよ」と寺田さんは言う。「犬は迷いながら、その土産物店にたどりつくらしいんですが、店のご主人がかわいそうに思ってレストランの残飯をやるんで、捨てられた犬があの辺に集まってるらしいんですよ。ぼくも残飯をやるところを見せてもらったんですが、いるわ、いるわ、名犬の品評会みたいなもんですね。どれでもよりどり見どりで持ってっていいよって言われましてネ、このボクサーにしたんですけど、よくなついて可愛いのなんのって……だけど、どうして高価な名犬を山の中にポイポイ捨てるんですかねえ。心理がわかりませんよ」


正体不明の犬はその日の夕方は来なかったようだ。翌日の朝もう一度来て、また同じように食べて帰ったと文恵さんが言っていた。

「明日も来るなら久太のドッグフードを用意しておこうかしら。ネコのゴハンばかりじゃかわいそうでしょ」

三日目の朝は姿を見せなかったという。

「私が二階に上がってから来たのかもしれないわね」

ところが、ネコたちに夕方の餌を出していると、その犬が現れたというので清さんは急いで下におりた。ちょうどその日は宮さんの車が外出していたので、餌場は広くなっていて観察に都合がよかった。文恵さんは用意していた犬用のチャムという缶詰を一つ封を切って与えることにした。チャムは肉をマッシュしたような食物である。一缶は四〇〇グラム。というと丼一杯の量である。

犬は文恵さんが話したようにネコが食べている間は遠くでじっとお坐りをして待っていた。「ネコはここのうちのネコで、ワタシはよそ者だから」待つのだと理解しているようだった。それは動物たちの持つ本能的で自然な秩序のセンスなのであろうか。

清さんがその坐っている姿を五、六メートルの距離を置いて観察したところでは何の種類かわからなかった。おそろしく痩せた犬で横から見ると肋骨が一本一本浮いて見える。腹はひどくくぼんで、いわゆる腹の皮が背中にくっついたような状態になっている。毛がほとんど抜けた裸犬で色はグレーで赤味がかっている。顔はスムース・テリア（昔のビクターの商標の犬）のように細いが、耳はテリアのように中折れになっておらず、大きくて立っている。シッポは細くむしろ貧弱で背中のほうに巻いている。黒い大きな眼ばかりがそのほっそりした顔の中でギョロギョロと光っている。鼻の先は黒い。大きさはテリアや柴犬くらいだが、なんの種類か全く見当もつかない。たぶん雑種だろうと清さんは思った。

ネコの食事が終わり、皿を片づけた文恵さんがチャムの缶詰を開けると、犬はもう文恵さんに馴れたのか、きょうは小走りに彼女の近くに寄ってきた。文恵さんはこの犬のために、専用のボウルを用意してあった。チャムをすっぽりそのボウルにあけ、別の皿に固型のドッグフードを山盛りにし、両方そろえて犬の前に置いた。

「さあ、食べていいよ」

待ちかねたように犬は突進した。チャムの中に鼻を突っこみ、ワウッとくわえるとそのまま呑みこんでしまった。ワウ、ワウ、ワウとおそらく三回かそんなもので、ボウル一杯のチャムは消えてしまった。四〇〇グラムといえば人間用のビフテキ二枚分の分量である。それからガプガプガプガップと小粒のドッグフードをこれまたほとんど呑みこむようにして食べた。話には聞いていた清さんも、この犬のむさぼり食う凄じいスピードを目の前にして改めて仰天した。あっというまに犬は食べ終わったが、じっと一点を見ている。そこにはミーちゃんの残した牛乳のカップがある。

「あなた、これも欲しいの？」

犬はじっと文恵さんの顔を見ている。

「そうか、そうなのね」

文恵さんはまだ半分ほど残っているミルクを犬の前に置いた。犬はあっというまにそれを空にした。空にすると文恵さんに向かってお坐りをしなおした。

「まだ欲しいの……それじゃ待ってなさい」

呆れた顔で文恵さんはカップを取り上げて立ち上がると牛乳を取りに行った。まもなく器に一杯の牛乳を入れて戻ってきた。そのカップはすり切りで一八〇ccの計量グラスの大きさ、つまり一合はいるものである。

「どうぞ、いいわよ」

なみなみとしたミルクも五秒と持たなかった。犬はまだ欲しそうにしていたが、

「もういいでしょ。そんなに一度に食べてどうするの。明日またいらっしゃい」

と文恵さんが立ち上がると、犬もあきらめたように立ち上がった。それを見ると、先ほどまで痩せてぺったんこだった腹が急に大きなグレープフルーツでも呑みこんだかのように、ぽんぽんにふくれあがっていた。そうだろう、丼一杯四〇〇グラムのチャムに、皿に山盛り二杯のドッグフード、それに牛乳二五〇cc、人間に換算してみれば、牛丼を二十杯平らげ牛乳を一升も飲んだとでもいおうか。腹がふくれあがるのはムリもない。だが、清さんと文恵さんが同時にたじろいだのは、そのまんまるになった腹の下に黒くて細長い、象の皮膚のようなよれよれでしわしわの乳房が二本ぶら下がっていることだった。腹がしなびているときは腹にくっついてほとんど見え

なかったのが、腹がまんまるになったので、ぶら下がってきたのであろう。

急に一キロ近くの食料を詰めこんだ犬は、バランスが悪くなったのか、よろよろして歩きにくそうに見えたが、やがてしっかり足を踏んばって、左右にゆらゆらと揺れる腹をもて余しながら、それでも小走りに走ってたそがれの薄明かりの中を公務員宿舎の敷地に消えていった。

「見た？」

「見たよ」

「妊娠してるのかしら」

「妊娠しているのか、子供がもう生まれているのか、どちらかだろうな。でも、たぶん子供がいるんだよ。でもあの痩せ方だろう。栄養不良でお乳が出ないんじゃないか。あのオッパイのしなび方はそうだよ」

「そうね、だいいち妊娠中だったら、もっとお腹が大きいはずですものね。あの子ペチャンコだわ」

「妊娠した。子供が生まれた。でも食物が十分に口に入らない。ふだんの何倍もの体力が要るときに食うものが食えないから、あんなに痩せ衰えちまったという説ではどうかな。それで仔犬が乳房に吸いつくから、しなびてぺちゃんこだ。おっぱいが涸れて出ないんだろう」

「つまり、飼主のいないノラ犬ということね」

「でも確かに赤い革の首輪をしていた。古びているけどあの首輪は成犬になってからつけてもらったものだよ。仔犬のときのものならとっくにハチ切れているだろうからネ。だからわりあい最近まで飼われていたにちがいない。それから捨てられたんだろう。しかし、近くで見てたらわかったけど、あの犬は体中どこにも、ほとんど毛が生えてない。つまり彼女は赤裸《あかはだか》なんだ。よく見るとショボショボと茶色い毛が少し残っているけれど、ほとんど毛が抜けちまっている素裸の犬なんだ」

「病気？」

「ウーン、病気……病気ならあんなに食べられないだろうから……単なる食糧不足による栄養失調じゃないのかなあ」

「もし、子供が生まれていたとするでしょ……その子供たちはどうしたかしらね。生きているとか、死んじゃったとか、栄養失調で死産したとか……」

そこまで言いかけて文恵さんは口をつぐんだ。仔犬が死んだなんて、思っただけで悲しく、ぞっとするようなことだった。

「あのしなびたオッパイには、一滴も乳は出ませんて書いてあるから、どうなったかなあ。子供は生きのびられなかったかもしれんね」

「かわいそうに……」

文恵さんの顔が曇った。

「もっと早くウチに来ればよかったのにねえ」

「いや、わからんよ。生きているかもしれんよ」

「でもあの子がノラ犬なら、どうして私たちが気がつかなかったのかしらネ。どうせこの辺を歩いて餌を探していたんでしょうに」

もっと早く自分たちと接触していれば、あれほどに飢えさせることもあるまいにと思うと文恵さんは残念だった。


イナバの白ウサギのような赤ムケの肌をしたその犬はそれからは毎日食事をもらいに来るようになった。時には朝晩二回来ることもあった。相変わらず、食べる量と速さはもの凄く、食べ終わると異常にふくれたお腹をして、さっさと帰っていくのも同じで、戻っていく方向も同じだった。あるとき文恵さんはチャムを四つ用意しておいて、欲しがるだけ与えようかと思った。そしたら、犬は、なんと、次から次に開けてくれるチャムの缶詰を四つともペロリと食べてしまって、さらに牛乳を三合飲んだというのである。それだけで、チャムが一・六キロ、牛乳が五四〇グラム、あわせて二キロである。文恵さんに言わせると「見ていてこちらが気持ちワルくなった」ほどである。

ふしぎなことは、それだけ食べているのにこの犬が少しも太らないことだった。次に来るときはまた同じようにガリガリに痩せた体にペチャンコのお腹をして来るのだった。

「どうしてこの子は太らないのかしら、あれだけ食べるのに」。それは実にふしぎなことだった。

二週間ほどした頃、清さんは犬の赤ムケの肌に薬を塗ってみようかと思った。清さんの飼っている柴犬の久太は皮膚が弱い。中江先生はホルモンの関係というけれど、あるとき肌が発赤《はっせき》してくる。その赤くなったところから毛が抜けていく。主として下半身から始まって、尻尾から胴の中ほどまですっかり毛が抜けて赤裸になってしまう。せっせと薬を飲ませたり塗ったりすると、発赤していた肌は次第に落ち着いてくる。落ち着くと肌は真黒に変色する。そのあと少しずつ胴のほうから毛が生えてきて尻尾に至り、もとに戻る。時には二ヶ月から三ヶ月も毛が生えてこないことがある。そんなときには久太はかわいそうに、道行く人から「まあ、この犬は皮膚病ですか」などと聞かれてしまう。

その久太の皮膚が発赤してきたときに使う軟膏をこの犬に塗ってみようというのだ。

夕方、例によって食事をもらいにきた犬がネコのうしろで食事の順番待ちをしている間に、清さんは軟膏の容器を持ってそろそろと犬に近づいていった。犬が逃げるようならムリにはすまいと思ったが、清さんが近づいても犬は逃げなかった。文恵さんだけでなく清さんも〝餌をくれる人〟の仲間に位置づけされているのであろうか。

清さんはしゃがんで犬と向きあった。

「よし、よし、いまゴハンがもらえるからな……えらいな、きみは、じっと待ってるなんて、並の犬にはできることじゃないよな……」

犬に警戒心を起こさせないように、他愛ないことをしゃべり続けながら、犬のほうに手をさしのべてみた。彼女が退がるようだと、触るのはよして後日にしようと思ったが、彼女はいやがらないようだったので、そのまま手でアゴの下を撫でてみた。見ず知らずとはいわないが、それほど親密ではないただの顔見知りの男に体を触られるのは気持ちの良くないことであったろうが、メシのためであろうか、彼女はおとなしく撫でさせた。このぶんなら良さそうだと清さんは軟膏の容器を犬に見せながらフタを取り、中の軟膏を指で取って彼女に見せた。

「どうだ、塗ってみるか」

犬は特別の反応を示さなかった。そこで清さんは左手で彼女の首のあたりをさすりながら、右手の指で軟膏を耳のうしろのあたりにつけ、静かにすりこんでやった。意外におとなしくしているので、もう一度軟膏を少し多目に取って、首のあたり全体にすりこんでいった。すると気持ちがいいのだろうか、眼を閉じて、なすがままにさせている。

「あら、この子イヤがらないわね」

「意外だよ」

「薬は気持ちがいいのかしら」

「そうかもしれない」

と言いながら清さんはさらに大量の薬を取って、首の前後から肩のうしろまで万遍なくすりこんでいった。

そばで見ると、彼女の首輪はふつうの成犬に使うようなじょうぶな帯状のものではなく、薄い革を直径五ミリほどの細い筒状に巻いたもので、金具も小さくできていた。こうした華奢な首輪は、小型犬や、そうでなければまだ仔犬のうちに使われるものである。とすれば、この子はまだ仔犬のうちに捨てられたか、迷い子になってしまったのであろうか。もとはきれいな赤い革製だったと思われるその首輪は、埃や垢や風化によって土色に近くなっており、ところどころ剝げていた。飼主を離れたときに、このサイズの首輪をしていたとすれば、体が大きくなる過程で、ハチ切れてしまいそうなものだが、餌にありつけず、ガリガリに痩せたまま暮らしてきたので、首輪はハチ切れずに済んだということなのだろうか。

薬を塗り終わる頃には、犬の顔はすっかり気を許したようになったばかりか、「ありがとう」とでも言いたいかのように甘えるようなそぶりさえ見せるようになった。薬を塗ってもらって気持ちがよかったのかもしれないし、マッサージのようにすりこんでもらうそのスキンシップに、忘れていた〝飼犬〟の感覚を取り戻したのかもしれなかった。

「よし、よし、また塗ってやるからな。明日も来いよ。じゃメシにしよう」

清さんが立ち上がると、犬も立ち上がって文恵さんの用意したボウルのほうに近づいた。そのあとはいつものとおり、ガプガプと呑みこみ、あっというまに牛乳をボウルに二杯平らげて、ぽんぽんにふくれ上がったお腹の下にしわしわの黒い乳房をだらりとぶら下げ、よろよろよたよたと動き出し、やがて小走りになって消えていった。

尾行

毎日ほぼ定刻に食事をもらいにくる彼女が、ある日、姿を見せないことがあった。文恵さんは心配でならない。車に轢かれたのではあるまいか、とか、野犬の捕獲員につかまったのではなかろうかなど、悪い思いが頭をよぎる。知らせを聞いて、清さんも心配を分けあうべく、家から出てきた。しかし、相手がどこに住んでいるのか、いや定住する場所があるのかどうかも知らないのでは〝様子を見にいく〟というわけにもいかない。しかし、それほど遠くにいるのではなかろうという見当はついている。

「大声で呼んでみるか。聞こえるところにいるかもしれないぞ」

「ご近所でバカかと思われるわよ」

「いいじゃないか。ちょっと呼んでみれば。いまさらこの歳で恥ずかしいもないだろう」

清さんは自分の案に固執した。ところが、ハタと気がついたのは、あの犬の名を知らないということだった。

「そうでしょ、それじゃ呼べないわよ」

犬は飼主が自分の名を呼ぶと百パーセント反応できる。複数の犬を飼っていても、いまだれが呼ばれたかをまちがえる犬はひとりもいない（ほかの犬が呼ばれているのに自分も故意に参加したがる犬はいるが）。

「じゃ、この際、あの子に臨時の呼び名をつけるか」

「どうぞ」

「そうだな、リンダ、メリー、アンナ、マリ、モーリン、マリリン、ジュリー……」

「あの子は洋犬には見えないわ」

「そうか、日本犬の雑種かな。とすると、花子さんでもないし」

「そうね、それに勝手につけた名前じゃ、あの子には通じないでしょうに」

愚問と賢答が入れ交う中で、文恵さんが奇声を発した。

「いた。ほら、あれ」

文恵さんの指の先には、いつも食事のあとに犬がよたよたと走っていく公務員宿舎の前庭がある。たそがれの空気をすかして見ると、そこにいるのはあの子のように見えた。

「そう……らしいな……ネコにしちゃ大きいからな」

「絶対、あれ、そうよ」

「呼んでみるか」

清さんは地面にしゃがんだ。

「おーい、ちょっとー、ちょっとー」と言いながら、軽く手を叩いた。「ちょっと、ちょっと、ごはんだよ、おいで」

犬はこちらをうかがっているようだったが、小走りに走ってこちらに向かってきた。近づいてくるのを見れば、いつもの帰り道のあのよたよたとした走り方ではない。痩せてガリガリの彼女の走り方は超軽量級のそれだ。チョッ、チョッ、チョッと、軽いステップを踏むような走り方だ。彼女はそのまま清さんと文恵さんが並んでしゃがんでいる前まで来て止まった。

「よく来たわね、えらかったのね。呼ばれたってわかったのね。なんておりこうさんなの」

文恵さんは手をのばして彼女の首筋を撫でてやった。犬は嬉しそうに、おとなしく撫でさせている。それを見ていると、この二週間というもの毎日のように食事をくれた文恵さんに、犬は飼主に対するような信頼を持ち始めていることがわかる。

「さ、ごはんにする？」

文恵さんは立ち上がってチャムの缶詰を取りに行った。代わっての出番は清さんである。

「よしよし、その間に薬を塗ろうな」

細い顔に眼ばかりギョロリと大きい。その眼玉も、発赤した肌に膏薬を塗ってもらっている間は気持ちよさそうに細くなる。塗っては丹念に伸ばし、すりこんでいく。その間に清さんの頭にこの犬の名前がひらめいた。

「そうだ、おまえはチョッちゃんだ。チョッちゃん、いい名前だろ。チョッ、チョッ、チョッて走るチョッちゃんだ」

文恵さんが持ってきたチャムの缶をあける。清さんは少し得意そうに言った。

「この子はきょうからチョッちゃんていうことにしたよ」

「チョッちゃん？　かわいらしいじゃない」

「そうだろ」。清さんは軟膏を塗り終わり、首筋のあたりを撫でてやりながら犬に言い聞かせた。「どうせもとの名前はわからないんだから、ガマンしてくれ。おまえが口をきけたらな、『私マリ子です』とかなんとか言うところだが、チョッちゃんでもいいだろ。な、当分ここではチョッちゃんだ。なあ……」

「さ、チャムよ。食べていいよ」

だが、この日の彼女は少し様子がちがった。最初の缶はいつものように食べたが、それ以上は口をつけようとしなかったし、牛乳も一杯でやめて、それ以上欲しいとは言わなかった。

「この子、きょうはどこかで食べてきたのね。もう要らないって……だから、きょうはいつもの時間に姿を見せずに様子を見てたんだわ……そう、それじゃ、お帰り、あなたお家があるんでしょ。ね、教えて。どこにあるの。赤ちゃんいるの？　いないの？　いるんでしょ。だからいつも急いでお家へ帰らなきゃいけないのね、そうでしょ」

チョッちゃんはしばらく文恵さんに撫でてもらっていたが、文恵さんが立ち上がるのを機に、自分もうしろを向いてスタスタと歩き出した。だが、いつもと違ったのは、十メートルほど行ったところで立ち止まり、こちらに向き直ってじっと文恵さんのほうを見ていることだった。

「どうしたの、帰るんじゃないの……」

チョッちゃんはしばらく文恵さんを見ていたが、やがて思い直したように帰路についた。と思うとまた十メートルほどで立ち止まってこちらを見ている。しばらくすると、また思い直したように歩き出し、薄暗がりの中に消えていった。

チョッちゃんが立ち止まって振り返ったことの意味は、このときはまだ文恵さんにはわからなかった。


その翌日のチョッちゃんは平常と同じようであった。夕方、食事をもらいに現れると、例によって腹をサッカー・ボールでも入ったかのようにぽんぽんにしてよたよたといつもの方向に歩き出した。

チョッちゃんが二十メートルほど行ったところで、清さんは尾行を始めた。チョッちゃんの帰っていく先、すなわち彼女のねぐらがどこにあるのかを突き止めてみたいと思ったからである。

いつものようにチョッちゃんは公務員宿舎まで行き、そこを左に曲がった。左に曲がると建物に沿って広いコンクリートのスペースがあり、三十メートルも行くと柵があって行き止まりになる。その先は切り立った崖で南に向かって落ちこんでいる。尾行している清さんの眼に、チョッちゃんが崖に沿って右に曲がり、建物の裏に回るのが見えた。

その先は崖伝いで、人間には歩けないが、そこまで行ってのぞいていればチョッちゃんがどのあたりまで帰っていくのか見定めることはできる。清さんは忍び足でその崖の柵のところまで行き、先行しているはずのチョッちゃんの姿をとらえようとして、柵に手をかけてのぞきこんだ。

とたんに、

「ウ、ウー、ウー」

と低い唸り声が聞こえた。チョッちゃんがこちらを向き、前足を左右に踏んばって待っていたのだ。これから先、尾行することはまかりならんと彼女は言っているのだ。それは断乎たる拒否である。西井家で食事をもらうようになってから、もちろん、チョッちゃんはただの一回もこんな強硬な態度を見せたことはない。

「そうか、チョッちゃん知っていたのか」。清さんはわれながらバカバカしいことをやったとニガ笑いをした。尾行に気づかない犬なんていやしないのだ。チョッちゃんはある所までは許していたが、これから先はダメだと厳然たる態度で示したのである。

「じゃ、帰るからな。悪かった。怒らんでくれな、チョッちゃん」

清さんが踵《きびす》を返すとチョッちゃんは唸るのをやめた。角まで来て清さんが振り返ってみると、チョッちゃんは柵の前でじっと踏んばってこちらを見ていた。その態度は毅然としていた。

「どうだったの」

家に戻るとすぐに文恵さんが聞いた。

「どうもこうもないよ。彼女は尾行されているのを知っててさ、建物の裏で待ち伏せしていきなりウーときたもんだ。これから先はついてくるなというわけだ。テキは何もかもお見とおしなのに、こちらは探偵ぶって尾行したりして、ハハハ完敗だ」

二人は大笑いした。

「でも、これではっきりわかったよ」

と清さんが真顔に返って言った。

「チョッちゃんは母親なんだ。やっぱり仔犬がいるんだ。それも生きている。自分は栄養失調であのとおりアバラ骨が浮き出して見えるほどだし、毛もぜんぶ抜けてしまったけれど、仔犬はまだ生きているんだ。だから人間は近づくなというわけだ。あれは母親の態度だ。ここの家に来て、食事をもらい、薬をつけてもらって嬉しそうにしているときのチョッちゃんではない。ぼくに『帰ってくれ』と命令するんだからな。その厳しさはものすごいよ」

清さんの感想の一方で文恵さんは幸せな気持ちと新たな心配の発生に複雑な気分だった。やはり仔犬がいたんだ、まだ生きていたんだという気持ちは彼女を幸せにしたのだが、まだ見ぬ仔犬たちが今後も無事に育ってくれるかどうかは新たな心配となったのだ。チョッちゃん自身があんなにガリガリの栄養失調なのだから、できれば仔犬にも直接ミルクなどを持っていければと思うのだが……。

チョッちゃんの子育てシーン

チョッちゃんは清さんが彼女の〝家〟に近づくことを断乎拒否したけれど、それ以外は別に変わることのない毎日が続いた。二、三日したある夕方、チョッちゃんが夕食に来ているとき、たまたま宅配便のお兄さんが荷物を持って西井家の前を通りかかり、チョッちゃんとバッタリ鉢合わせをした。

「あれ、この犬、こんなところにいる」。宅配くんは頓狂な声を出した。

「知ってるの？」

と文恵さんが聞けば、

「知ってる、知ってる、よく知ってるよ。こいつはね、そこの表通りを左に行くでしょう。百メートルぐらい行くと葵マンションて白い三階建てのマンションがあるでしょう。知ってる？」

この宅配くんはいつも野球帽をうしろまえにかぶっているのが野球の捕手《キャッチャー》の帽子のかぶり方に似ているので、近所の人は〝捕手《キャッチャー》さん〟と呼んでいる。

「よく知ってるわよ。あそこに私の弟が住んでいるから」

「あ、そう。あの手前に山田って表札の出ている門があるでしょう」

「あるわね。門から奥のほうへずっと道が続いていて、家が奥のほうにあるところでしょ」

「それ。そこの門を入っていくとさ。山田さんの家ってのは二、三ヶ月前にどこかに引越しちゃったらしくていつも空っぽなんだよ。荷物持っていっても人がいたためしがないし、紙を入れておいてもそのままになってるんで、荷物は送り返す手続きを取っているけどさ、近所じゃ山田さんがどうなったか、だれも知らないんだ」

「それで」

「それで？　そうか。犬の話だ。その横に家がもう一軒建っているんだ。もう古くてぶっこわれそうで、人なんか住める家じゃないけど。ずっと昔はお能の偉い先生が住んでたとかいう話だけど、いまは廃屋でね、それにしても狭くて汚い家だから本当にその人が住んでいたかどうかわからないよ」

「それで」

「そうさ、おれが山田さんの家に配達に行ったりすると、この犬はそこの汚くてぶっこわれた家から出てきて、失礼しちゃうよ、おれに向かってワンワン吠えつくんだよ。おれ、犬が好きじゃないから、吠えられると弱っちゃうよ。なあ、おい、おまえこんなとこで何してんだ、おい」

「そうなの……ありがとう、よくわかったわ。で、山田さんの家も、お能のお師匠さんの家も空家なのね」

「そうだよ。いまどき珍しいだろ。東京の真ん中に二軒も空家があって、ほっぽらかしになってるなんて、ねえ」

〝捕手《キャッチャー》さん〟は荷物を持ち直すと、西井さんの隣の紀平さんの家に入っていった。

文恵さんはチョッちゃんの住居の謎が解けてすっきりした気持ちになった。それにしてもチョッちゃんの賢さよ。いまどき、この人間の密集した都会の真ん中に、ノラ犬が子供を生める安全な場所なんてありはしない。ところが僥幸というか、なんというか、表通りから見えない奥まった場所に廃屋が一軒あって、その裏は切り立った崖になっているうえに、同じ敷地に建っているもう一軒の住人もどこかに移転してしまった。表には門があってだれも入ってこない――こんな絶好の環境なんて、あり得るはずもないが、チョッちゃんはどうしてこの場所を探り当てたのか。文恵さんは頭の中でこの界隈一帯を思いめぐらせてみるが、空地はほとんど駐車場になっているし、雑木の生えた空地や竹藪、草むらのような場所もないではないが、いずれも人家に隣接しているし、仔犬を生んでもカラスに狙われるだろうし、いずれ人間に発見されてしまうであろう。

それから思えば山田さんの敷地の廃屋とは願ってもかなわない場所であるが、チョッちゃんはどうしてこの場所を見つけたのだろう（あとになってわかることだが、チョッちゃんはこの廃屋からはかなりに遠い公園の近所をうろついていた犬なのである）。子を身ごもった母の神秘な本能としか言いようがない――東京都内を探しても二軒とあるまいという絶好の廃屋を探し出して子を生み、育てるなんて。

その話を夕食の食卓で文恵さんから聞かされた清さんは文字どおり〝膝を打って感嘆〟したのだった。

「人間てバカだねえ。気がつかなかったよ。そりゃあチョッちゃんが子育てをしてるらしいとか、どこに巣があるんだろうかなんて興味は持っていたよ。それにあそこに北七兵衛さんの廃屋があるという話もずっと以前に聞いたことがあるよ。だけど、彼女が、あの廃屋で子育てをしているとは思いつかなかったなあ。どこをどう探し歩いた結果か知らないけれど、身ごもった犬がその廃屋を見つけ、そこを子育ての場に選ぶ……ものすごいカンというか嗅覚というか、本能というか、恐ろしいねえ。いや、確かにあそこなら人間は近づいてこないよ」
「でもチョッちゃんにとって、もっと幸いしたのは、廃屋を見つけただけでなく、お隣の山田さんまでどこかに転居してしまったっていうことね。世の中こんなにいいことってあるかしら」
「〝神はみずから助くる者を助く〟って習ったなあ」
「そうよね。チョッちゃんは神様の愛を一身に負ったような子なのかもしれないわ」

チョッちゃんは自宅が西井家にバレたのを知ってか知らでか、翌日からも食事をもらいにくるのに変わりはなかった。それも夕方だけでなく、朝晩二回くる日が増えてきた。相変わらず大量に食べるが、本人は痩せこけて眼ばかりギョロギョロした、毛の抜けた赤裸の犬に変わりはなかった。

そして、それは八月十八日のことだった。チョッちゃんが西井さんのところに姿を現してからほぼ三週間になる。文恵さんはこの日付を一生忘れることはないかもしれない。

その日の夕方もチョッちゃんはいつものように来て大量の餌を腹に詰めこんだあと、よたよたと重そうな腹をかかえて歩き出した。しかし、これまでと違ったのは、まっすぐに家に帰らずに、十メートルほど行って立ち止まり、じっと文恵さんのほうを見ていることである。以前にも一回こんなことがあったっけ、という記憶がチラリと脳裡をかすめた。

「どうしたの、家に帰らないの」

チョッちゃんはじっとこちらを見たままである。なにか様子が変だなと感じた文恵さんは彼女のほうに近寄っていった。するとチョッちゃんはそれを待っていたかのように、またよたよたと歩き出した。もう行ってしまうかと思えば、また十メートルほどで止まってじっと文恵さんのほうを見る。

「チョッちゃん、どうしたの、きょうは変ね」

文恵さんが近寄ってくれるのを待って、またよたよたと歩き出す。もういいかなと思って文恵さんが止まると、チョッちゃんも止まってこちらを振り返る。

「どうしたの、チョッちゃん、あなた、私についてこいというの？」

そうらしかった。文恵さんが歩き出すと彼女も歩き出す。どうやら本当に文恵さんについてきてほしいようである。そのように理解した文恵さんがついていくと、公務員宿舎の角をいつものように左に曲がらずに、チョッちゃんは右に曲がった。それは表通りに出る道である。

「まあ、チョッちゃん」

文恵さんは心の中で絶句した。どうやらこの子は自分についてきてくれと言っている。だが、彼女の通るいつもの道は断崖の縁で、人間は歩けないと知っていて、この子は表通りのほうへ誘導しようとしているらしいのだ。なんという賢さであろうと。

文恵さんはチョッちゃんのあとを五メートルほど離れて歩いていった。五十メートルほどで表通りに出る。チョッちゃんは通りに出たところで振り返り、文恵さんがついてくるのを確かめるように立ち止まった。そして左折した。まちがいない。彼女は〝山田〟と表札の出た表門のところへ文恵さんを誘導しようとしているのだ。

門まで来た。チョッちゃんは石の門柱の脇の隙間からするりと入ってしまった。人間はそこは通れないから、文恵さんは門を押してみた。鍵はかかっていなかった。だが、かりそめにも人の家の敷地だとすればそれを開けて入るのは少しためらわれた。チョッちゃんは少し先でこちらを振り返って待っている。文恵さんは見知らぬ持主に心の中で謝って、門扉をそっと押した。中に入ると扉をもとどおりに閉めた。それを見届けると、チョッちゃんは奥のほうに向かって小走りに走って消えた。門からこの土地の主の住居までは二十メートルもあろうか。左右はコンクリートの塀で、塀の向こうには左右とも二階建て、三階建ての家が建っている上に背の高い植木が並んでいるから、表通りより暗い感じがする。奥につながる道には砂利が敷かれているが、その半ば以上は土に埋まっていて、何年も手入れをしていない様子がみえる。文恵さんはその夕暮れの薄暗い道をおそるおそる歩き出した。

左右の塀が終わると視界が開け、左はどうやら無人の山田さんの住居であろう。少し古いがしっかりした木造住宅である。その前はちょっとした空地で、行きどまりは生垣になっている。その先は切り立った崖が急降下しているはずである。手前の空地をはさんで山田さんの家と向かいあうようにして問題の崩れかかった廃屋がある。見かけたところはたいして大きな家ではないが、今は珍しい縁側がついている和風の家である。つまり縁の下があるのである。玄関の格子戸は健在だが曇りガラスがはまっているので中は見えない。軒傾いた家とはいえ、見たところ雨戸はぜんぶ閉まっているようだ。さて、チョッちゃんはこの家のどこかにいるのだろうが、彼女の出入口は表にはなさそうである。薄暗い縁の下をのぞいてみた。戦前には日本中の家にこのような縁の下があり、当時無数にいたノラ犬、ノラネコたちは縁の下でよく子供を生んだものだった。しかし薄暗がりをすかして見てもチョッちゃんは縁の下にはいなかった。とすれば家の中か。まさか。文恵さんは家の右手に回ってみた。少し先に勝手口のようなものが見える。行ってみると、そこは二枚の引戸のようになっているが、その一枚は敷居からはずれて外に落ち、建物に寄りかかるようにして立っていて、建物とこの外れた引戸の間には犬なら通れるほどの隙間ができている。チョッちゃんはここから入ったのだろうかと文恵さんは思い、その引戸をどけてみようかと思ったが、幸い上から二枚目のガラスが割れてなくなっていたので、そこから中の様子を見ることができそうだった。

そっと近づいて家の中をのぞきこんだ。すでにたそがれ、家の外さえ暗くなりかけているのに、家の中はましてのこと、ほとんど暗がりである。雨戸はぜんぶ閉まっているらしく家の奥は真っ暗で、明かりといえば、いま文恵さんがのぞきこんでいる破れガラスのあたりと左手の明かり取りの小さな窓からの薄明かりだけのようだ。文恵さんは眼をこらして見た。そのあたりは台所の板の間のようだった。眼が暗がりに馴れてくると五メートルほど先に何かがいるのが見えてきた。

少し動く。そのさらに向こうにもごそごそ動いている塊《かたまり》がある。少しずつ様子がはっきりしてくる。最初に見えたのは、どうやらチョッちゃんの背中のようだとわかった。

「そうだ、あそこにいるのはチョッちゃんだわ」。すると、ごそごそもぞもぞと動いているのは彼女の赤ちゃんたちというわけなのか。しばらくすると、さらに目が馴れてきてチョッちゃんの背中が確認できた。と、その背中が波打ち始めた。ゲポ、ゲポと小さい音も聞こえる。その音が大きくなったとき、チョッちゃんの口からどろどろの液体が溢れるのが見えた。流れ出た液体は暗がりの中に尾を引いて板の間に落ちた。背中の波打ちはまだ続き、次から次にどろどろしたものは口から溢れ続ける。その吐き出されたもののあたりには黒いものたちがごそごそと群がって動いている。

　と、またチョッちゃんの背中が波打って食物を吐き出した。チョッちゃんの向こうにいるものの動きが活発になる。それはよく見えないけれど仔犬にまちがいない。何度目かにチョッちゃんの横向きの背中が波打ち、どっと液体を吐き出したとき、動いていた塊の中からフキャンともフニャンともいうような小さな声が聞こえた。するとそれに応えるかのようにこれまたキャンともニャンともつかぬような声がした。

「仔犬だわ……まちがいないわ」

　母親が胃から戻してくれる食料を小さな仔犬たちが先を争いぶつかり合って食べているのにまちがいない。

「そうなのね、チョッちゃん、あなたは自分では食べないで、食料を自分の子供たちに運んでいたのね」

いつか文恵さんは粛然として立ちつくしていた。チョッちゃんの吐き出す液体は天のミルクのように見えた。母なることの偉大さ。生の営みのなんという荘厳さ。


その夜、一杯機嫌で戻ってきて遅い夕食のテーブルに着いた清さんは、自分でテキーラ・マルガリータのシェイカーを振った。清さんの好みはコワントローの少なめの辛口のスタイルである。テキーラには超高級なものもあるが、カクテルには手頃なサウサのゴールドを使う。淡い琥珀色の映りがいい。

ご機嫌な清さんに、文恵さんは夕刻に目撃したとおりのことを話して聞かせた。

「チョッちゃんは、実は食べているんじゃなかったのよ、ぜんぶ仔犬に運ぶためだったのよ」

「そうか……そうだったんだ……そうか……だから、あれほど食っても太らないわけだったんだ」

「翌日はまたお腹をぺちゃんこにしてきたものね」

清さんの眼の前に、あのしなびた、象皮のような乳房がよみがえった。

「自分が栄養不良でオッパイが出ないので、チョッちゃんは、自分が外でありついた餌をぜんぶ仔犬に運んでやろうと決意したんだな……なんというやつだ」

清さんの眼にはいよいよはっきりと、痩せて赤裸のガリガリのチョッちゃんの姿態が浮かんできた。栄養失調で毛がぜんぶ抜けてしまったチョッちゃん。それでもきみは自分では食わずに、ありついた餌を仔犬たちに運んでいたのだ。

「人間なんて、チョッちゃんの足もとにも及ばないなあ」

「そう思うでしょ。私もつくづくそう思う。人間てバカだなあって。そのことにもっと早く気がつかなかった私たちもバカだったなあって……ウチに来てからもう三週間でしょ。その間、毎日、朝に晩にムチャクチャ食べて、それでいて全然太らないのはなぜかって、もっと早く気がつかないのがおかしいわよね」

「そりゃ変だとは思ったよ。変だ、変だって二人で言っていたじゃないか。だけど、まさか食物をぜんぶ吐き出して仔犬に食わせていたとまでは思い至らなかったなあ」

「チョッちゃんの背中はほんとに神々しかったわ」

「母親なんだよ。母親の凄さだ。自分のすべてを犠牲にして仔犬に与えるんだ。だけど死んではならない。自分が死んだらだれも仔犬を育ててくれないから、仔犬のためにギリギリに生きながら、すべてを与えてきたんだ」

「人間は見習えと言われてもできないかもね」

「そうだな、わが子に保険をかけて殺しちまう母親がいるようじゃなあ」

二人の会話はとぎれた。思い出したように文恵さんが言った。

「でもね、私ひとつだけわからないことがあるの」

「…………」

「それはね、なぜチョッちゃんが私に子育ての現場を見せようとしたのかしら、ということなの」

「…………」

「あなた一度チョッちゃんの行先を尾行したことがあったわね」

「でも、彼女はぼくを追い払ったよ。来るな、近づくな、と言ってね」

「そうでしょ、それなのに、なぜチョッちゃんは私についてこいという素振りを見せたのかしら。で、人の通れない裏道ではなくて、わざわざ表の通りのほうから案内してね。なぜなのかしら、どうして自分の子供たちを私に見せようとしたのかしら。ふつうは人間て仔犬たちのためには危険な存在なのに、なぜチョッちゃんは私をわざわざ自分の隠れ家に案内したのかしら」

「うーむ、わからんね」。しばらくして清さんが答えた。

その答の来る日はまだしばらく先のことだった。

新たな試練

それから一週間ほどして、文恵さんの実弟の奥さんに当たるいずみさんから電話があった。

「あのお姉様のところへ食事をもらいに行ってる犬のことですけど、あの犬、うちのマンションの近くにいるらしいの」

「そうね、実はお隣よ」

「それがどうも仔犬が大きくなったらしくて、塀の隙間からヨチヨチ歩きでうちのマンションの敷地に入ってきてしまうらしいの。それも一匹じゃないらしいのネ。そうすると母犬が心配でついてくるんだけど、人が近づくとあの母犬がすごく吠えるんですって。で、中には犬がこわい人もいるでしょ。そういう人たちが、あの犬を放置しておいたら怖くて敷地内を歩けないからどうにかしてくれって、うちのマンションの理事長さんに迫ったんですって。で、今度の日曜日に利害の関係のある人たちから意見を聞く会をやるから、意見のある人は出席してくれって言ってきたのね。で、そういう会に出席する人はきっと犬ぎらいの人ばっかりでしょうから、たぶんあの犬は保健所を呼んで処分してもらうことになりそうなんですって……」

知らせてもらってありがとうと電話を切った文恵さんは、もしかしてチョッちゃんが仔犬ごと保健所で処分されるかと思うと目の前が真っ暗になったような気がした。

文恵さんからそのニュースを聞かされた清さんも同じく天を仰いだ。

「弱ったぞ……弱ったイワシは目でわかるときたな――。いまとなったらチョッちゃんを守ってやりたいし、いや断乎として守ってやるべきだが――。だからといってよそ様のマンションの決議に口を出すわけにもいかないし、仔犬に出歩くなというわけにもいかないし、チョッちゃんに『吠えるな』と言ってきかせるわけにもいかないし……」

思案の末の応急の策として清さんが思いついた案は次のようなものだった。

いずみさんから理事長さんに次のように伝えてもらう。

「もし保健所の人が来てあの犬を捕まえたとしたら、あの犬を保健所に連れていって殺さずに、近所の西井家に連れてきてください。そうすれば、西井家としてはしっかりと管理して住民の皆様にご迷惑のかからないようにして育てるからと」

わが身を餓死線上に置きながらも必死に子供のための食糧を確保し、育ててきたチョッちゃん！　そのチョッちゃんを人間はいま保健所に渡そうという。もし保健所がわなを持って駆けつけてきたら、チョッちゃんはそれこそ死にもの狂いで戦うことだろう。

「もし連れていかれたらどうなるの」

「どこかに、ある期間保管されて、その間に身許を引き受ける人が現れなければ殺される」

「捕まったらすぐ受取りに行けば間にあうのね」

「そう思うよ。けれど、いつ決行するのかが問題だ。相手が決行したらすぐに手を打たないと救えないからね。たまたま、いずみさんが旅行していたりすると、チョッちゃんが捕まったという情報が入らないから手遅れになってしまうこともあるだろう。それが怖い」

「もし、最悪の事態になって、つまりウチが知らないうちにチョッちゃんが捕まったとしてもだれか親切な人が現れて彼女を引き取ってくれればいいのにね」

「そりゃムリというものだろう。あのとおりガリガリに痩せて、毛の生えていない赤裸の犬なんてだれも引取り手はないよ」

第四章
マルちゃん現れる

いずみさんの住む葵マンションの会合の結果、理事長氏はとうとう保健所へ通報してチョッちゃん親子の捕獲に踏み切ることに決めたというニュースが文恵さんのもとに入ってきた。そうなると母犬も仔犬たちも命は風前の灯というわけで、事態は緊迫し、いつDデイがくるのか、爆弾を抱えたような毎日となった。

そんな事情を知ってか知らずか、チョッちゃんは毎朝やってきては相変わらずガプガプとチャムやドッグフードを丸呑みし、ミルクを鯨飲しては仔犬のところへ戻っていく。時には夕方もやってくる。

文恵さんはそんなチョッちゃんの苦労を軽減してやろうと思い、ときには、ガツガツ食べているチョッちゃんの赤裸の背中を撫でながら「チョッちゃん、あなたさえよければ、チャムやミルクを私が毎日仔犬のところへ運んであげてもいいのよ」と言い、また実際にそれらを携えて廃屋に行ってもみるのだが、文恵さんが近づこうとするとチョッちゃんは低い唸り声を立て、彼女に「帰ってください」と言うのだった。

「あの日だけ私について来いと言い、仔犬を見せたのはどういう気持ちだったのだろう」

文恵さんはチョッちゃんの心をまだ推し量りかねていた。

清さんは折を見てはチョッちゃんに軟膏をすりこむが、炎症を起こして赤裸になった皮膚は回復もしなければ、毛の生えてくる様子も見せない。やはり栄養失調のせいであろう。

早いものでチョッちゃんが現れてから一ヶ月が過ぎようとしていた。八月の終わりにはオーケストラの〝合宿〟がある。清さんはそのレ・サンフォニストというアマチュア・オーケストラの団長であり、クラリネット奏者でもある。文恵さんはオーケストラの中では打楽器、特にティンパニーを受け持っていた。オーケストラは日曜日ごとに集まって練習し、一年に二回、四月と十月に演奏会を行う。また三月と八月には〝合宿〟と称し、二日ないし三日間泊まりこみで練習をする。この年は八月二十九日から二泊三日の予定で八ヶ岳スポーツセンターに行くことになっていた。文恵さんは自分たちが留守の間の犬やネコの世話を一階の住人の森田夫人に頼んでいるが、この年はチョッちゃんという特別のケースを抱えているので、合宿の数日前から森田夫人とチョッちゃんを引き合わせ、お互いに馴れてもらい、文恵さんの留守にチョッちゃんが飢えることがないように準備をした。

「二十九日の金曜の朝は出発が十時頃なので、その日の朝のぶんは私がチョッちゃんに食事をやっていきますから、土曜日と日曜日にチョッちゃんが来たらいつものようにチャムとドッグフードとミルクをやってください。お願いします」

保健所のほうは、土曜と日曜は捕獲に来ないだろうと踏んだ。問題は二十九日の金曜日に来るかどうかだ。だが幸い二十九日はいずみさんが在宅だというので、もし保健所が犬を捕まえに来たらすぐに知らせてもらえるよう、いずみさんに合宿先の電話番号を知らせた。電話を受けたらすぐに清さんが八ヶ岳から車をとばして東京に戻り、その足でチョッちゃん親子を引取りに出頭するつもりだった。

しかし、その二十九日金曜日が別の意味で運命の日になるとはだれも予測していなかった。

一九九七年八月二十九日、文恵さんはいつものように早朝五時半頃二階から下りて、外ネコたちの食事を準備し、あわせてチョッちゃんの大量の食糧の支度に取りかかった。

チョッちゃんはすでに姿を見せていたが、この朝はいつもと様子がちがった。というのは餌のほうには近づいて来ずに、道路寄りに坐ったままじっとしているのだ。

「お早うチョッちゃん。きょうはずいぶん早いのね」

文恵さんが声をかけても動かない。いつもなら小走りに走ってきて食事をもらうために〝お坐り〟をするところである。

「どうしたの、こっちへいらっしゃいよ」

チョッちゃんは動かない。

様子が変だと思った文恵さんは自分からチョッちゃんに近づいていった。その時である。

「クーン」

と仔犬が鼻を鳴らすような声がしたのである。空耳かしらと文恵さんが思ったとき、またひと声小さく「クーン」という声が聞こえた。思わず文恵さんの足が止まった。

「チョッちゃん……まさか……」

文恵さんはチョッちゃんの顔を見たが、彼女は何も言わずにじっとしている。声は確かに二回聞こえたが、もしかしてチョッちゃんの仔犬が近くに来ているのだろうか。声のした方角が正確にわからないので車の下を見てみたが仔犬らしい姿は見えない。チョッちゃんの視線は隣家との境のほうに向いている。そこには塀があり、塀に沿って植込みがある。文恵さんはそろそろと近づいてみた。

そのとき、ツツジとジンチョウゲの間でかすかに動くものがあった。

「…………」

さらに近寄ってみると、それは犬の赤ちゃんのようだった。まちがいない。小さな仔犬が丸まってじっとこちらを見ている。一瞬、文恵さんは事態を解しかねていた。しかし、ほかの答はあり得ない。チョッちゃんがみずから自分の子をここに連れてきたのだ。なんということだろう。

文恵さんの心臓は昂奮してドキドキしたが、仔犬はじっとしている。文恵さんが一歩近づいても逃げもせず吠えも鳴きもしなかった。頃を見はからって文恵さんはそろそろと手を出してみたが、怖がって逃げるはずの仔犬が逃げる様子もなく、そのまますんなりと文恵さんの手に抱き上げられてしまった。それは両の掌におさまってしまうほどの小ささであったが、仔犬にはすでに覚悟ができているもののようだった。きょうが〝子別れ〟の日で、母親がそのために自分をここに連れてきたのだということを納得しているかのようにみえる。初めて人間の手に抱かれる不安と恐怖に身を固くはしているが、仔犬は鳴きもせず、逃げようともせず、ただじっと自分の新しい運命に耐えようと必死でこらえているようだった。

「なんと賢いの、あなたは」。小さな仔犬のあまりにもみごとな態度に文恵さんは感動してしまった。

チョッちゃんも、わが子が文恵さんに取り上げられ、抱かれ、頬ずりされるのを、ただじっと見つめているだけで、身動きもせず、ひと言も発しなかった。彼女もまたこの運命の瞬間に耐えているのだろう。きのうまではだれひとりとして仔犬に近づくのを許さなかったチョッちゃんなのに。その毅然とした母犬の態度を見れば、彼女がただ偶発的に仔犬を連れてこの辺を歩いていたといったようなものではなく、明らかにその決意をして仔犬をここに連れてきたものにちがいなかった。「子別れ」――その言葉はあくまでも厳粛で、高貴で、つらいものだった。

「チョッちゃん、あなたは自分の赤ちゃんを、私たちに預けるのね……」と文恵さんは仔犬を抱いてチョッちゃんの前にしゃがむと、ひと言ずつ、胸につまりながら、嚙みしめるように言った。

「わかったわ、確かに、お預かりするから安心してね……」

チョッちゃんはしばらく文恵さんの腕の中のわが子をじっと見つめていた。それから納得したように立ち上がると、食事のほうには見向きもせず、くるりと向きを変えて自分の家のほうにすたすたと歩き始めた。

と、十メートルほど行ったところでチョッちゃんは立ち止まり、文恵さんのほうを振り向いた。仔犬と最後の別れをするかにみえた。文恵さんは仔犬を頭上高く持ち上げてチョッちゃんに見せた。しばらく彼女はじっと仔犬を見つめていたが、再び納得したように向きを変え、うしろを見せて歩き始めた。今度は二度と振りかえることなく、いつもの公務員宿舎の角を曲がって消えていった……。

母犬のみごとさよ。見送る文恵さんの眼に涙が糸を引いた。

「えらかったわねえ。よく来たのね。もうこわくないからね」。文恵さんは仔犬に頰ずりした。

「きょうからあなたはうちの子なのよ。あなたのお母さんは私になったのよ」と言い、優しく仔犬の背中をさすりながら、そしてみずからの気持ちを静めるように努めながら、そっと入口の扉を押し、二階への階段を上がっていった。仔犬にとっては何もかもが初めての体験でさぞやつらいことであろう。母と別れ、人間との出会い……きょうからはこの人間のおばさんと暮らさねばならない。

二階では何も知らぬ清さんが眠りこけていた。揺り起こすと寝ぼけまなこを開けた。

「驚いちゃいけないのよ。何だと思う」

と文恵さんが言った。

「ほら」

「え？」

目をこすりながら起き上がった清さんは、文恵さんが抱いて頬ずりしているものの正体が仔犬だとわかったときは、まさに飛び上がって驚いた。

「どうしたんだ」

「驚かないでよ。なんとチョッちゃんが自分でこの家まで連れてきたの」

と言って文恵さんは、さきほどの仔犬発見のいきさつを清さんに語って聞かせた。

「驚いたねえ」

吐息とともに清さんは感嘆の声を放った。

「驚くなといってもこれが驚かずにいられるか」

なんという母犬の知恵だろう。この都会のアスファルト・ジャングル、車のビュンビュン飛び交う中で、ちなみにふつうに子別れしてわが子を追い出したらどうなるか。明日はわが子はノラ犬として餌に苦労し、あげくは交通事故か……。チョッちゃんはノラ犬生活の苦労も知り過ぎるほど知っている。そのゆえに、彼女は文字どおり自分の身を削ってここまで育ててきた子を文恵さんに預けようと思ったのだろう。この一ヶ月間、たらふくノラ犬の自分に食べさせてくれた文恵さんなら自分の子供を預けてもきっと立派に育ててくれるだろうと。いずれにしても並たいていの叡知ではない。

「で、どうしようか」と文恵さん。

「どうしようかって……母犬からお願いしますって頼まれたものを、人間がおいそれとポイするわけにもいくまい」

「そんなこと聞いてないわよ。きょうは私たちオーケストラの合宿に行くんじゃなかったかしら……」

「そうか、そうだった」

「だから……この子をどうしようか……」

清さんは答につまった。四時間後に自分たちは二泊三日のオーケストラの合宿に出発せねばならない。二人がいなくなったらだれがこの仔犬の面倒を見る。文恵さんと清さんのうち一人が残ってこの仔犬と暮らすか。清さんは団長という責任者だから行かねばならぬ。かといって文恵さんも欠席するわけにはいかない。ティンパニーの代役を務める者がいないからである。二人ともいなくなって仔犬だけが残ることも考えられない。となると答はひとつしかない。

「連れていくぞ」

連れていく。あとのことはそのあとから考える、と清さんは腹をくくった。ただ、わが家にくる早々に百五十キロもの車の旅をせねばならない仔犬はかわいそうだが仕方がない。これも運命だ。それにしてもきょうこの子を連れてきてもらってよかった。これが明日だったら家はカラッポだ。

「そういうことはないのよ。チョッちゃんにはそのくらいわかっているのよ」

文恵さんはそう言った。それはそうにちがいない。母犬が無人の西井家にわが子を預けにくるはずがない。動物の本能と叡知とはそれを知っているだろう。

「よし、よし」。改めて清さんは仔犬に言って体を撫でてやった。

「しかし、なんという子だ、きみは。こんなにまるまると太って」

清さんは別の意味で嘆声を洩らした。母親のチョッちゃんはガリガリに痩せて栄養失調で毛まで無くなっているというのにこの仔犬は健康そのもので、よく太ってまんまるなのである。「チョッちゃんが苦労して運んでくるメシをおまえがひとりで食べたみたいだな」。仔犬はひっくりかえしてみるとおチンチンがついているから男の子である。薄いチョコレート色というかミルク・ココアのような毛にすっぽりと覆われている。お腹と手首足首が白い。口のまわりが黒く、瞼の上にも少し黒い毛がある。後者のほうはアイシャドウのように眼を大きく見せるのに役立っている。そのアイシャドウはよく見ると三角形で、そのため上瞼の線が三角形に見える。

「だれか、こういう眼つきの人がいたな」

思い当たったのはプロ・ゴルファーの〝マルちゃん〟こと丸山選手だった。清さんも文恵さんもその〝マルちゃん〟のファンである。

「そうだ、きみはマルちゃんに似てる。そう思わないかい」

文恵さんものぞきこんで、

「あら、ほんと」

「よし、きみの名は〝マルちゃん〟だ。丸山マルちゃんで、ぽんぽんに太ってまんまるのマンマル・マルちゃんだ」

マルちゃんはとりあえず浴室のバス・タブの中に置かれた。ここなら人の出入りは少ない。片隅にタオルを重ねて入れ、反対の隅には新聞を敷いた。トイレのつもりである。母と別れたマルちゃんはひとまずここを仮のベッドとすることになる。


朝食を済ませ、九時頃だろうか。清さんがふと外を見ると、いつものところにチョッちゃんが来ていた。

「チョッちゃんが来てるぞ」

「どれどれ」

文恵さんも寄ってきて窓から外を見た。

「変ね。また来たの？　こんな時間に来る子じゃないのに……さっき何も食べずに行ったから、何か欲しいのかしら……それとも仔犬が心配なのかしら……ちょっと行って見てくるわ」

階段を下りて外に出ると、文恵さんは食料を用意した。しかしチョッちゃんは食べる気配がなかった。文恵さんはその首を撫でながら言った。

「チョッちゃん、子供のことが心配なの？　それなら心配ないわよ。確かに預かったからネ。あの子はマルちゃんて名前になったのよ。西井マルになったの。顔見たい？　じゃ、待ってなさい。待っているのよ、いま見せてあげるから……」

じっとしているチョッちゃんを置いて文恵さんは二階に上がった。バス・タブの中のマルちゃんを抱き上げるとベランダの窓をあけて下のチョッちゃんに声をかけた。

「ほら、チョッちゃん、見てよ。あなたのマルちゃんは元気よ」

チョッちゃんはしばらくの間、二階の窓の文恵さんを見ていた。やがて文恵さんの両の掌の中にいるわが子を確認できたからであろうか、最後の別れが済んだからであろうか、立ち上がるとうしろを見せて歩き出した。遠くなっていく姿を見送りながら文恵さんがつぶやいた。

「かわいそうに、やっぱりこの子のことを見に来たのね」

マルちゃん八ヶ岳へ

午前十時、清さんたちの車は八ヶ岳に向かって出発した。助手席の文恵さんが膝の間に抱いている明治屋のじょうぶな紙袋には底にタオルが重ねて敷いてある。その紙袋の底の短いほうの一辺は十五センチもないほどだが、マルちゃんがうずくまると、頭からシッポまでがその中に収まってしまうのだ。長いほうの辺と並行に寝たほうが広々とするのだが、マルちゃんはどういうわけか、窮屈な狭い辺に身を寄せる。それを見ているとそれが身を守るというか、身を隠す位置になっているためだろうかと文恵さんには思われる——なるべく片隅に身を寄せていたいのだろうと。

「よし、よし、もう怖くないからね」

文恵さんはその背中にタオルをかけてやった。考えてみれば、生まれて以来ずっと、つい先刻まで、この子は親兄弟と片時も離れたことはなく、寝るときも押しくらまんじゅうで重なりあっていたろうに、突然に天涯孤独になってしまったのである。きょうからはひとりで寝なければならない。生きていかねばならない。動物ならそれに耐えねばならない。

二時間足らずで車は中央高速の長坂のインターに着いた。この間ずっとマルは袋の中で身動きもしなかった。車はそこからすぐに合宿所に向かわずに、逆の方向にある長坂の市街地に向かった。念のために哺乳ビンを買おうというのである。マルちゃんは母親が口からもどして与えたチャムやドッグフード、ミルクなどの混合物を食べていたのだから、おそらく同じものが食べられるはずであるが、その一方で、それらが母親の胃液とまじっておかゆのようになっていたとすれば、ナマのチャムやドッグフードは食べられないかもしれないからだ。そうした場合はミルクを与えるより手がない。薬屋を見つけて哺乳ビンと乳首とを買うとUターンして合宿所に向かった。

母親の食べていたのと同じチャムとドッグフードは用意してきている。合宿所の少し手前に、このあたりの別荘人種用の大きなスーパーがある。そこでは犬小屋まで売っている。そこに車を停めて、これも念のために、味のちがう種類のチャムを仕入れた。

合宿所はさる会社の保養所として建てられたもので、寮というよりはホテルのようだ。レ・サンフォニストが合宿するときにはほとんど貸切りのようにしてくれる。犬を持って入るのはルール違反であろうが、仕方がなかった。明治屋の紙袋はだれにも気づかれずに玄関を通過して、無事に清さんと文恵さんの部屋に運びこまれた。

「さあ、着いたぞマルちゃん。ここならだれも来ないからな」

清さんは袋の中に声をかけた。

「どこに置こうかしら」

二人は部屋を見回した。部屋は十畳くらいの洋室で、じゅうたんが敷いてあり、ベッドが二つに小さなテーブル、椅子が二つ、それにクロークと、バス、トイレがついている。

「この部屋の中だとおシッコでもされると困るな」

入口はタイルになっていて、そこを上がると木の床。左は洗面所で、右は洋式トイレ。トイレの床はタイルである。唯一のタイルの部屋はトイレだけだ。

「ここにしようか」

「トイレ？」

「ほかに名案があるかい」

「なにかかわいそうじゃない」

「でも、ほかにタイルの床がないよ。おシッコすることを考えると、タイルのところでないとね」

清さんは床に新聞を敷きつめた。文恵さんはタオルにくるまれた小さなマルちゃんをそっと新聞の上に置いた。マルはすぐにタオルから出て匂いを嗅ぎ始めたが、そのままどんどん奥のほうへ行き、便器と壁の間のわずかな隙間に鼻を突っこんでうずくまった。おそらくどこかに隠れようと思ったのだろうが、隙間が狭くて頭を突っこんだだけで終わってしまったのである。上から見ていると〝頭隠して尻隠さず〟の典型のようにマルの太った尻が便器と壁の間に見えている。

「マルちゃん、そんなところがいいの」

文恵さんはマルが鼻を突っこんでいるあたりにタオルを敷き、もとのようにマルを置いてやった。

「怖いのね」

「怖いんだよ。このままそっとしておこう」

「そっとしておくのはいいけど、私たちのトイレはどうするの」

「廊下の突き当たりにある共同のトイレを使うより仕方がない」

「朝顔につるべ取られて、こちらはもらいトイレね」

午後のオーケストラの練習が始まった。終わったのが五時半。文恵さんと清さんが部屋に戻ってみると、マルは同じ場所にうずくまっていた。動いた形跡がない。文恵さんは牛乳を少し水に薄めたのをマルの鼻先に持っていってみた。マルは上目づかいに文恵さんの顔をチロリと見ただけで横を向いてしまった。

「いらないの？　それじゃここへ置いとくからね」

文恵さんはチャムと牛乳を別々の皿に入れてマルのそばに置いた。

夜のオーケストラ練習は七時から九時まで。終わって部屋に戻った二人が発見したのは、全く同じ位置に全く同じようにうずくまっているマルだった。牛乳やチャムには全く手をつけていない。文恵さんはミルクを人肌に温めて哺乳ビンに入れ、うずくまったままのマルの鼻先に持っていった。マルは全く反応を示さなかった。

土曜日の朝が来た。相変わらず動かないマルのために、牛乳とチャムを冷蔵庫から出し、古いのを捨て新しいのを補給してマルの鼻先に置くと、二人は午前の練習に出た。昼休みに部屋に戻ってみると相変わらずマルは便器と壁の間に鼻を突っこむようにしてうずくまっており、食事には一切手をつけていないし、おシッコもうんちもした様子がない。

「だいじょうぶかなあ、もう二十四時間以上も絶食だぞ。ちっとはミルクでも飲んでくれないかなあ」と清さんはぼやいた。「このままいけば、きみは飢え死にしてしまうぞ」

午後の練習が終わり、夕食の休憩がきた。マルの態度には全く変化がなかった。ただ一日じゅう同じ場所にうずくまっているのだ。母親から突き放されて引き渡された全く未知の世界に彼は対応できず、怖いし、どうしていいのかわからないのであろう。もしマルが人間の家で生まれた犬の子であったら話は別であったろう。仔犬たちは目があくようになれば、そばに人間のいる世界を見て育つし、母親と人間の交流を見て大きくなるから、ひとりでに人間に対応することを覚えるであろう。しかしあいにくとマルは言ってみればノラ犬の子である。賢明な母親はしっかと子供たちを育てたけれど、人間が近づけば、わが子を守るために威嚇し、追い払ってしまうのだ。人間はテキであり、危険な存在だったのだ。もちろんマルたちは人間を見るのが初めてではあるまい。ヨチヨチ歩きの頃からチラチラと遠目には見ていたろう。しかし、そこにおける人間とは、近寄ってはならない存在として母親が教育したものでありこそすれ、自分たちに餌をくれる友好的な存在としては教えられていないものだった。それをある日、突然に、母親から「きょうからあなたは人間と暮らすのです」と言われ、その人間の手に引き渡されてしまったとしたらどうなる。マルが対応できなくともムリはない。

「マルは泣きたい気持ちだろうなあ。お母さーん、ぼくはどうすればいいのってな。わかるよ、きのうまでは親兄弟としか暮らしたことがないんだからな」

とはいえ、わが子を自分のようなノラ犬にしたくない、わが子は西井家に預けるのだというのはチョッちゃんの決意であり、選択である。チョッちゃんがそういう選択をしたということはマルが人間になじむことができると思ってのことであろうが、ここまでのマルは頑固に人間を拒み続け、四十時間も身動きもせず飲まず食わずのハンスト状態である。

オーケストラの土曜の夜の練習が終わったのは九時半を回っていた。十時半頃からは恒例のパーティーが始まる。といっても幹事が買ってきた、あるいは寄付された酒、ビール、ウィスキー、おつまみなどを各自勝手に飲んだり食ったりしながら〝だべる〟会である。どういうわけか、このレ・サンフォニストというオーケストラには、肩肘いからせたり、突っ張ったり、出しゃばったりするメンバーが少ないという特徴がある。高校生から七十歳まで、ひどく民主的に、まるでクラスメートのように語り合って夜を過ごす。あるときゲストで招いたプロの演奏家が驚嘆していた。生存競争をかけたプロのオーケストラは仲間同士の水面下のせりあいが凄まじい。メンバーが全員で和気あいあいと身分の上下や年齢の差なく語り明かし飲み明かすなんて信じられない光景であると。

そのパーティーの始まる前に、練習の疲れを取ろうと風呂に入る者も多い。ここの大浴場は清潔で気持ちがいい。文恵さんもタオルを持って出かけた。

スキンシップ

清さんは相変わらずビクとも動かないマルがなんとかならないかと、トイレの前の木の床に腹ばいになり、トイレの中に顔を突っこみ、マルの様子を見た。犬は自分と目線の高さが同じになると親しみをおぼえるというので清さんのほうで腹ばいになってみたのだ。だがマルはこっちを見ようともしない。よし、こうなればスキンシップだと、撫でてやろうとしたがトイレの中では窮屈でうまく手が動かない。そこで清さんはマルをつまみ上げて、玄関の木の床の上に置いた。マルはされるがままにおとなしくうずくまっている。清さんはもう一度腹ばいになり、顔をできるだけマルの顔に近づけた。そして右手で静かにその背中を、頭のほうからシッポのほうへ撫でおろし、また静かに撫でおろしと、何回も繰り返していった。

いつのまにか、清さんはこんなことを言っていた。

マルチャン、マルチャン、コワイカイ
モウコワクナインダヨ
ワカルネ、マルチャン
モウコワイコトナインダゾ
マルチャンハツヨイコダロ
マルチャンハエラカッタンダヨナ
オカアサンニイワレタラ
「ウン、ボク、イクヨ」ッテイッタンダロ
エライナァ

マルチャンハエライインダ
ナァ、マルチャン

マルチャン、マルチャン
モウコワクナイゾ
ワカルナ、マルチャン
オカアサンハエラカッタロ
オアカサンハエラカッタナ
ジブンデハナンニモタベナカッタケド
「サァ、オタベ」ッテ、ミンナマルチャンタチニ
タベサセテクレタンダロ
マルチャンモエラカッタカラ
タクサンタベタンダナ
タクサンタベテ、フトッタンダ
オカァサンハイッテタロ
マルチャン、リッパニナルンダヨッテ
マルチャンハ

第四章　マルちゃん現れる

「ウン、ボク、リッパニナルヨ」ッテコタエタンダロ
ナア、マルチャン
オカアサンハエラカッタナ
マルチャンハツヨインダナ
オカアサンハドッカデミテイルヨ
オカアサンヲカナシマセチャイケナイヨ
「マル、ゲンキデタベナサイ」ッテ
オカアサンガイッテルヨ
キコエルカイ、マルチャン
キコエタラ、マルチャン
ゴハンヲタベテ、リッパニオオキクナッテ
オカアサンニミセルンダヨ
オカアサン、ホラ、ボクヤッテイケルヨ
オカアサン、ボクツヨイカラッテ

マルチャン、マルチャン
モウコワイコトナンカナイゾ

ワカルネ、マルチャン
モウコワイコトナインダヨ
…………

思いつくまま、口から出るままに、清さんは子守唄のように、同じことを何度も耳もとで繰り返しながら、マルの小さな背中をゆっくりと撫でおろしてやった。

マルは最初は体を固くして丸まっていたが、背中を撫でおろされるのが気持ちがいいのか、少しずつほぐれて、体が長くなってきた。視線も最初は下を向いたままだったのが、しまいには、チロリと横目で清さんの顔を見るようになった。

相変わらず床に腹ばいになったまま「マルチャン、マルチャン、キミハツヨインダ……」をやっているところに湯上がりの文恵さんが戻ってきて玄関に寝ころんでいる清さんを見てびっくりしたような声を出した。

「まあ、そんなところでなにしてるの」

「うむ、まあ、スキンシップかな」

「あれからずーっとやってたの」

「うん」

「私、髪を洗ってたから三十分も経ってるんじゃないの」

「そうかもしれない」と、清さんはマルを抱いて起き上がり、そのホッペタにキスをすると、もとのトイレの隅におろした。「な、マル、キミは男だろ、元気になるんだぞ」

文恵さんと清さんはパーティーを途中で切り上げ、十二時半頃、部屋に戻って寝た。寝る前に見るとマルは同じところにうずくまったままだった。文恵さんはマルのミルクを新しいものと取りかえてやった。


合宿三日目、日曜日の朝が来た。この日の午前中で合宿は打ち上げになる。

洗面所に行く前に清さんはマルの様子をのぞいてみた。マルは相変わらず同じ場所にいたが、清さんはたちまち喜色満面になった。

「おい文恵、ちょっとこいよ、見てみろよ、マルがミルクを飲んだあとがあるぞ」

文恵さんも来てトイレの中に顔を出した。確かに、小さな皿ではあるが中の牛乳は減っていた。マルが母親と別れてから、この朝で四十八時間を迎える。なんぼなんでも腹が減ったからミルクをなめたという見方もあろう。しかし母親以外から食物をもらったことのない、いわば野性のマルが、初めて人間のくれた餌に手をつけてみたのだ。

「確かに減ってるわ。飲んだのネ。心配したわよ」

「ゆうべのスキンシップが効いたかな」

どうやらそうらしい。清さんの〝スキンシップの勝利〟を証明するような〝大発見〟が続いて起こったのである。寝室の小さなテーブルの真下にさりげなく置かれたかのような真黒で長さ数センチの棒のようなものを発見したのだ。眼をくっつけて見ればそれは犬の糞だった。

「おい、見てくれ、マルがクソをしたぞ」

清さんの眼が輝いた。

「ゆうべ、ぼくらが眠っている間にマルは行動を起こしたんだ。彼が探検旅行を試みてこの部屋に入ってきた。そしてここへ記念すべきクソをした。すごい。大勝利だ」

四十八時間、身動きもしなかったマルが、何はともあれ行動を起こしたのだ。多少でも恐怖がうすらぎ、自立の意志が示されたということではなかろうか。清さんはティッシュを取ると、じゅうたんの上の〝記念すべきクソ〟を拾い上げた。それはこんな小さな仔犬がしたとは思えないほど太くて固くて大きかった。あまりコチコチなので、取り上げてもじゅうたんの上にはシミもついていなかった。「かわいそうに三日もつまっていたんだな。これが出てホッとしたろう」

ホッとしたのは人間のほうだった。チョッちゃんがせっかく預けていった大事な仔犬が人間になじまず死んでしまったりしたのではチョッちゃんに合わす顔がない。それなのに、まる二日間、マルは身動きもしなかったのである。もうこれからは少しずつでも反応してくれるようになるだろう。文恵さんも清さんもまずは愁眉をひらいたといったところであった。

しかし、清さんを狼狽させるさらなる大事件も待っていた。

上機嫌で窓ぎわに近づき、窓を開け、清さんは高原の朝の風を入れようとした。空はよく晴れていた。その窓の正面には遠く山梨県と埼玉県の国境の山々が見える。さらにずっと右手には富士山が朝の光に映えている。夏とはいえ、高原のこと、涼しく清々しい空気がそこにあった。深呼吸をして室内を振り返った清さんの眼はふとじゅうたんの上の異様な変化を発見した。

清さんは膝を突いてそのじゅうたんのシミの上に鼻を近づけた。

「大変だ、マルがションベンもしたんだ」

これはウンチよりも始末が悪い。きょうの昼にはここを去る。あとにはお掃除の人が入るだろう。そうすると、いやが応でもションベンは発見されてしまうだろう。

「とにかくなんとかしなきゃ」と清さんが言えば文恵さんは洗面器に水を入れて駆けつけた。持っていた旅行用の洗剤のパックの中の白い粉を上からパラパラとかけてタオルでごしごしこすり、洗面器でゆすぎ、しぼってはまたごしごし。二、三回それを繰り返すと水を新しくする。文恵さんの奮闘の甲斐あって十分もすると泡が立たなくなった。清さんが鼻をくっつけてみると、ほとんど匂わなくなっている。「やれやれ」と清さんは胸をなでおろした。お次は乾燥である。乾いたタオルでこすりながらヘア・ドライアーで乾かす。三十分もの悪戦苦闘の結果、まあまあなんとかマルのおシッコのあとは乾いてかっこうがついてきた。

「マルが行動を起こしたまでは大勝利だったんだがなあ」

清さんはぼやいた。しかし、それは口だけでその眼はマルの前途に曙光《しょこう》を見いだした喜びに満ちていた。ところでマルは？　マルは相変わらずトイレの一隅でじっとしていた。

午前十一時半、二泊三日のオーケストラの合宿は打ち上げになった。レ・サンフォニストの四十人ほどの団員は、それぞれ車に分乗して帰途につく。清さんと文恵さんはもともとはここから長野県の鹿教湯《かけゆ》温泉に行く予定で、清さんはそこに一週間ほど滞在して翻訳の仕事を集中的に消化し、文恵さんは二、三日休養して東京へ戻るということになっていた。しかし突然に降って湧いた情勢の変化で、いま二人はマルを抱えている。マルにとってみれば、母親から人間に預けられたかと思うとその日に八ヶ岳まで旅行してきたというそのことだけで十分のストレスなのに、さらに百キロ以上も離れた山間のホテルに移動し、さらに電車で東京に帰るなどという日程は、マルのためにはしのびない。文恵さんは休養旅行をあきらめ、マルを連れて、だれかの車に便乗させてもらって東京に帰ることにした。少しでも早くマルを〝新居〟に落ち着かせたかったのである。

文恵さんは百地先生の車に便乗することになった。百地さんはABC交響楽団の打楽器奏者でレ・サンフォニストの指導者で指揮者である。文恵さんにとってはティンパニーの先生でもある。百地さんは助手席に乗りこんできた文恵さんが後生大事に胸のあたりに抱えている紙袋を見て、

「なに、それ。そんな大事そうに抱えて」

と聞いた。仕方なく文恵さんは紙袋の中を百地さんに見せた。

「おー、仔犬じゃないか。可愛いなあ」

その大声に近くにいた女の団員たちがわっと集まってきた。「わあ、見せて、見せて」。文恵さんは仕方なくマルを袋から出して腕の中に抱いて見せた。女性軍は「かわいい」を連発しながら顔を寄せてくる。

「触ってもいいかしら」

「なんていう名前」

「お目々がかわいいこと」

マルは仰天してしまった。こんなに多くの人間に囲まれたのは生まれて初めてのことである。必死になって逃げようとし、文恵さんの腕の中を出て肩のほうによじのぼり、隠れ場所を探して文恵さんの耳の下に顔をすりつけた。

「よし、よし、もういいのよ、もうおしまいよ」

文恵さんはやさしくあやしながらマルを紙袋に戻し、百地さんの車の後部座席に乗りこみ膝の上に紙袋を置いた。三日間うまく人目を避けることができたのに、最後に見つかってしまったのにはちょっぴり悔いが残った。

「じゃ、すまないけど頼むよ」

清さんは動き出した車の窓にそう言いながら手を振って文恵さんとマルを見送った。高原の空はよく晴れていた。

清さんが自分の車で鹿教湯に着いたのは一時を過ぎていた。とりあえず車をホテルの駐車場に入れると近くのソバ屋に入った。するとホテルの女性〝コンシェルジュ〟である大島さんの顔が見えた。清さんは顔なじみの客なのに彼女はちょっと会釈をしただけでテーブルに坐ったままじっと店の隅のテレビを見ている。清さんが食券を買って席に着こうとすると、彼女がぽつりと言った。

「やっぱり死んだわ」

「死んだ？」

「やっぱり助からなかったのね」

「だれが」

「ダイアナですよ」

「ダイアナ？　あのイギリスの皇太子妃の……」

「そうです」

そう言うと大島さんは「ご存じないの？」というような顔をした。

「今朝からテレビでニュースを盛んに流していましたよ」

「へえー、ちっとも知らなかった」

清さんが知らないのもムリはない。朝からマルの小便の後始末でテレビなどつけなかったし、そのままオーケストラの練習に駆けつけ、終わるとすぐにここへ来たというわけである。

「どうやって死んだんですか」

「パリで交通事故にあったというのね。なにか猛スピードでどこかの橋かなにかにぶつかって車はめちゃくちゃになったらしいけど、ダイアナは生きていて救け出されたと言っていたのに」

ダイアナが死んだ。それは世界のトップ・ニュースにちがいない。テレビに釘づけになった客の顔が、この世界のスターの死を告げられてみな一様に放心したように見える。だが、その日はマルちゃんという新しい命が、西井さんちに定住を始めるその最初の日でもあった。

クロちゃんをよろしく

八ヶ岳を出た百地さんの車は日曜日の午後の帰京ではあったが渋滞もそれほどでなく、途中休憩を入れても午後四時頃、無事に東京に戻った。途中、百地さんは何度も「いいなあ、おれも犬が欲しいなあ」と言うのだった。「じゃ、お飼いになればいいのに」と文恵さんが言えば「それがね、うちは親、子、孫の三代の家族だろ。なにをやるんでも、コンセンサスを取るまでが大変だ。で、ついめんどうくさくなってしまう」

談合坂の休憩所で遅目の昼食を取ったとき、レストランのテーブルで百地さんが文恵さんに聞いた。

「この仔犬、拾ったっていうけど、兄弟はいないの」

「いるんですけれど、何匹いるのか、まだわからないんです」

「これ何犬《なにけん》ていうの」

「わからないの……雑種でしょうね」

「いや、実はね、兄貴がね、兄貴といってももう引退してるんだけど、飼ってた犬に死なれちまってね、えらい寂しがりようなんだなあ。どこかに仔犬がいたら教えろってしょっちゅう言ってるから、また飼うっていうことだろうなあ、この犬はダメでしょうけど、この子の兄弟がいたら、うちの兄貴に教えてやろうかと思って……」

「はい、そのお話、覚えておきますわ」

こうした会話を知るや知らずや、マルはテーブルの下の紙袋の中でじっとうずくまっていた。家に戻ったマルはまたバス・ルームの〝おうち〟に入れられた。二日前の朝出発するときと同じように長いバス・タブの一方の隅にタオルが重ねて敷きつめてあり、反対の隅におシッコ用に新聞紙が敷いてある。マルはそのタオルの上にそっと置かれ、文恵さんに背中を撫でてもらった。

「マルちゃん、ここがマルちゃんのお家よ、もうどこにも行かないからね。安心してよ」

しばらくして文恵さんがミルクを持って戻ってくると、早くも新聞紙の上にチョロリとおシッコがしてあった。それはマルが心を許したあかしのようにみえた。それにしても動物の賢さよ、どこが寝床、どこがトイレと口に出して教えなくても本能的に知ってしまうのである。

マルは日ごとに新しい環境になじみ、ひとりで生きていくことに馴れていくように見えた。朝、昼、晩と分けて与える食事も少しずつ食べるようになり、バス・タブの中を動き回る動作にも仔犬らしい元気さが見えてきた。三日目、火曜日になると、チャムやミルクを持って入ってくる文恵さんをシッポを振って歓迎するようになったし、四日目には、文恵さんを待ちかねて、ワンと言うようになった。食事が終わると文恵さんはマルを抱き上げて頬ずりし、十分ほどおしゃべりしたり、そのまま家の中を歩いて様子を見せたり、ときには床の上におろしてやるのだった。

そう、その四日目のこと、そろそろ表に馴れさせようと文恵さんはマルを初めて道路に面したベランダに出してみた。そこは高さ三十センチほどまでがコンクリートの壁で、その上が鉄製の欄干になっている。長さは五メートルほどある。そのベランダの突き当たりのところに新聞紙を重ねて敷いてみた。マルは最初からひどくおりこうであった。おろされると、心得顔に鼻をくっつけて探索を始めた。そして奥の新聞紙にたどりつくと早速にしゃがんでジャーとおシッコをしたものである。その日からマルはバス・タブの新聞紙にはおシッコをしなくなった。彼はベランダに出してもらうたびにちゃんと隅まで行って大小の用を足すのである。そんなマルを文恵さんは頬ずりしてほめてあげる。

チョッちゃんは相変わらず毎朝やってくる。文恵さんは彼女の顔を見ると「チョッちゃんおはよう、マルちゃんは元気よ」と声をかける。チョッちゃんはいつものようにお腹をぱんぱんにふくらませて帰っていく。待っている仔犬の数は何匹なのか正確にはわからないが、仔犬たちはまだ旺盛にねだり、食べていることがうかがわれる。

長野県のホテルにいる清さんからは毎朝九時頃電話がかかってくる。いつも開口一番聞くことは、

「マルはどうしてる」

である。西洋の夫なら、まず妻の健康をたずね、アイ・ラヴ・ユーの二、三度も言わないで、犬のことなど聞いたら離婚されてしまうであろう。

「マルは元気よ。だんだん活発になって、私の顔みると『ここから出せ』っていうんでしょ、ワンワンキャンキャン言って、バス・タブをよじ登ろうとするわ」

それは五日目の木曜日の朝だった。いつものように文恵さんに電話した。

「お早う。どうだいマルは」

「マルは元気よ……でも、来たのよ、来たのよ……」

「なにが」

「わからないの」

「――……」

「次のワンちゃんが来たの」

「えっ」

「二匹目が来たの、チョッちゃんが連れてきたのよ」

清さんは電話口で絶句した。

文恵さんの話はこうだった。

その朝。

いつものように五時半頃、下におりて、外ネコたちやチョッちゃんの食事の支度をしようと思った。外に出てみると、チョッちゃんはいつもの定位置より遠く、道路の上にお坐りしていた。

「チョッちゃん、お早う。どうしたの、こっちへこないの……」

と言いかけて、文恵さんは異変に気がついた。チョッちゃんの陰にかくれるようにしている小さな存在に気がついたのだ。少し近寄ってみると、それはやっぱり仔犬だった。母親のお腹のあたりに体を寄せ、チョコンと並んで坐っている。親子がふたりで並んでいる姿はこの上なくかわいく、絵になっていた。一週間前にマルが来たときには、繁みの中に身をかくすようにしていたものだが、今度の仔犬は夜明けの道路の上に行儀よくお坐りしている。

文恵さんの体に喜びがこみ上げてきた。チョッちゃんがふたり目の子を預けにきたのだ。

「チョッちゃん、その子も私にくれるの？」

チョッちゃんがこっくりとうなずいたようにみえた。文恵さんは仔犬をおびえさせないように、少しずつ近づいていった。チョッちゃんの前にしゃがむと、ちっちゃな仔犬の全容がよく見えた。今度の子は全身ほとんど真黒で、目の上にほんの少し茶色が出ている。文恵さんは少し間を置いてから右手を仔犬のほうにさし出した。チョッちゃんはなにも言わずにじっと見ている。

「よく来たのね、えらかったわね。さ、もうだいじょうぶだからね、こわくないのよ……」

と言いながら、文恵さんは母親に身をすり寄せている黒い赤ちゃんを抱き上げた。仔犬はすでに覚悟ができているのか、何も言わず、文恵さんにすんなりと抱かれ、そのまま母親のほうを見ている。チョッちゃんはじっと坐ったまま文恵さんの腕の中を見ている。親子の別れの瞬間である。もう、これっきり会えない別れであることは親にも子にもわかっている。「どうぞよろしくお願いします」というチョッちゃんの声が文恵さんには聞こえる。

「チョッちゃん、それじゃこの子も確かにお預かりするからね。マルちゃんは元気よ。安心してね」

文恵さんは立ち上がった。すると朝の光が小さな仔犬に当たって、その真黒なすべすべの毛が光ってみえた。仔犬はマルちゃん同様にまるまると太っているうえに毛並みもつやつやして栄養の良さが証明されている。

と、チョッちゃんが動いた。うしろ足で立ち上がって背伸びすると文恵さんの膝の上に手をかけ、なにかをせがむようにした。

「わかったわ、チョッちゃん、ホラ」

文恵さんはもう一度しゃがんで仔犬をチョッちゃんに見せた。チョッちゃんはしばらく文恵さんの膝の上に手を置いていたが、やがて地面に手をおろした。

文恵さんが立ち上がると、チョッちゃんも今度はうしろを向いて自分の家のほうに歩き出した。

「チョッちゃん、ごはんは要らないの？」

と文恵さんがその背中に声をかけたが、チョッちゃんはそのまま歩いていってしまった。マルのときもそうだった。子どもに別れを告げたチョッちゃんは、その日は何にも食べないで帰っていくのだった。子別れの傷心のためだろうか。痩せ細ったその背中が肩を落としているように見え、ひときわ哀れに思えた。

今度の子も牡だった。二階にあがった文恵さんは、新入りの赤ちゃんをまっすぐマルのいるバス・タブに連れていった。二匹の仔犬は六日ぶりに再会したのである。もちろんお互いに相手がだれであるかはすぐわかった。あいさつも何もありはしない。たちまちにフガフガムフムフと取っ組みあいを始めた。マルにしてみれば、ひとりで心細い限りであったところへ、突如、兄弟が降って湧いたのである。驚喜いかばかりといったところであろう。新顔にしてもそうだ。親に別れて未知の世界への恐怖に落ちこんでいたのに、なんと相棒がいるではないか。これが喜ばずにいられようか。ふたりの歓喜の表現は、取っ組みあいとなり、噛みあい、じゃれあい、追いかけっことなり、バス・タブの中でドシン、バタン、いつ果てるとも知れなかった。

「そうか……」

文恵さんの話を聞き終えた清さんは電話の向こうで感に堪えたような声を出した。

「あの母親はほんとに賢い立派な母親なんだ。わが子たちの将来のために最善を選んでいるんだよ。この家なら決して子供たちを悪いようにはしないだろうって本能が教えるんだよ」

「そうね」

「そうなると、いよいよ、わが家も動物園だな」

「そうらしいわね。でもこうなれば乗りかかった舟だわ」

「あと何匹来るのかな」

「さあ……チョッちゃんに聞いてみないと……」

「ちょっと聞いてみてくれよ、あと何匹いて、そのうち何匹がうちに来るのかって……わが家にもいろいろ都合があるので、予定を聞かせておいてくれないかってな」

「冗談は別にして、チョッちゃんの隣のいずみさんのマンションの住人の中に、仔犬は五匹だと言っている人がいるらしいの。もっとも、その人は保健所を呼べって言ってる人だから、大げさに言ってるかもしれないけど」

「五匹？　トホホ……」

「二匹はもう来ているからあと三匹ね」

「もしかして七匹だったりして……」

「まさか」

「でも犬は安産の守り神で多産系だよ」

「そうね……」

文恵さんも少し心細くなった。七匹も来たらどうしよう……。

「ところで、今度の仔犬、なんていう名前にしようかしら」

「牡かい、牝かい」

「それがこの子も牡なのよ」

「そうか……真ッ黒なんだろ」

「目の上とか、ちょっと茶色いところもあるけど、見た印象は真ッ黒よ」

「じゃ、ちょうどいいや、クロにしよう、強そうだし、名は体をあらわすといこう」

「そうね、わかりやすいわ、クロちゃんにしましょう」


それから三日後、山籠もりを終えた清さんが我が家に帰った。ドアを開けて入ると、「お帰りなさい」という文恵さんの声が表のベランダのほうで聞こえた。マルとクロはちょうど運動タイムというかおシッコタイムというか、ベランダに出されて走りまくっている時だった。文恵さんはベランダの出口の敷居に立って〝子供たち〟の様子を見ていた。清さんもその横に並んでみると、マルとクロはムガムガ言いながら取っ組みあっている。清さんは、はたしてマルが自分のことを覚えていてくれるかどうかはわからないと思ったが、声をかけてみた。

「マル、マルちゃん」

と、マルはその声に取っ組みあいをやめてこちらを見た。そして敷居の上にいるのが清さんだとわかると、一目散に走ってきて、清さんの足に跳びつき、ベロベロとなめるのだった。

「おい、おい、くすぐったいぞ、マル、おい……」

と言いながらも清さんは無性に嬉しくなった。たった二晩を八ヶ岳で過ごしただけなのに、マルは明らかに清さんを認知したばかりでなく、心を許し、愛情と忠誠心をむき出しにして清さんの足にじゃれついたのである。清さんはまるまるとした仔犬を抱き上げた。

「やっぱりおリコウなんだ、きみは。おれを覚えていたか」

清さんが頬ずりしてやると、その顔をベロベロなめた。八ヶ岳で別れるまでは、マルは無表情だった。「さよなら、また会おうぜ、マル」と言って別れの挨拶をし、その背中を撫でてやったときも、紙袋の中でただじっとしていたものだった。一週間別れていた間にマルは文恵さんとの生活に馴れ、元気になり、食事もするようになった。その間にも清さんのことを忘れていなかったのである。八ヶ岳の二日目の晩に、自分の横に腹ばいになり、床に顔をくっつけるようにして、自分の背中をいつまでも撫でてくれて、「マルチャン、マルチャン、モウコワクナンカナイングヨ」と耳もとで言い続けてくれたその人のことを。

マルと清さんの感動的な再会のシーンを、クロは離れてケゲンそうな顔をして眺めていた。クロは清さんを知らない。三日前にこの家に連れてこられたときに、いたのは文恵さんとマルだけだった。清さんはクロにとっては〝知らないおじさん〟である。だから相棒が突然に遊ぶのをやめ、そのおじさんのところにすっとんで行ったのは、なんともわからんことだったとしても無理はない。しかし相棒がこれほど喜ぶ相手とは何者だろうかと思ったのであろう。おそるおそる清さんの足もとへ近づいてきた。

「おいクロちゃん、きみがクロか、なるほど真黒だな、初めまして」

清さんはマルを左腕に移し、右手を出してクロを引き寄せて抱き上げた。クロは逃げなかった。相棒のマルが気を許している相手なら、まちがいあるまいというところか。

クロもまるまると太っていた。「きみもお母さんのゴハンをぜんぶ食べた仲間なんだな、こんなに太って……」。あのガリガリのお母さんはこんなまるまるした子をあと何匹育てたのだろう。

九月九日、清さんはインスタント・カメラで、初めてマルとクロの記録写真を撮った。洋式の浅いバス・タブのふちに手をかけて、ふたりは並んで背伸びして首を外に出しているが、かろうじてアゴがふちに届くくらいである。

九月十六日、一週間後、二度目の記録写真を撮った。前回との大きな違いは、この一週間の間に、ふたりとも、折れていた耳がピンと立ったことである。体重を測る。清さんが仔犬を抱いて体重計に乗り、自分の体重を差し引く、マル三・一キロ、クロ三・二キロ。わずかにクロのほうが成長が速い。そういえば、耳が立ったのもクロのほうが二日早かった。

第五章　仔犬たちの縁談

西井さんちに仔犬が来たというニュースはあっというまに近所に伝わったようだった。マルをチョッちゃんから受け取ったのは夜明けのことであったが、だれが見ていたのだろうか。文恵さんが八ヶ岳から戻った翌日、つまりマルが来てから四日目にして、早くも近くの右田さんの小学校四年のお嬢さんの可奈ちゃんの訪問を受けた。

可奈ちゃんは文恵さんのことをずっと前から「ネコのおばちゃん」と呼んでいた。可奈ちゃんの家の前は駐車場である。そこを根城にしている〝おねえちゃん〟という黒いネコに文恵さんが食糧を運ぶのを見て知っていたからであろう。通学の途次、文恵さんと道ですれちがったりすると可奈ちゃんはニッコリして「ネコのおばちゃん」と声をかけてくれる。文恵さんも「ハーイ」と答える。ところが今から一年半前、三年生になった可奈ちゃんは、新しくもらった音楽の教科書を開いて仰天した。

「アッ、ネコのおばちゃんだ」

それは数年前、ヴァイオリンのフェリックス・アーヨさんと文恵さんが共演したときの舞台写真だった。イブニング・ドレスを着ているので、ふだんのTシャツ姿とは見違えるとしても〝ネコのおばちゃん〟にまちがいなかった。可奈ちゃんはすぐにそのページをお母さんに見せた。

「ネ、ほら、ネコのおばちゃんでしょ」

お母さんもびっくりした。

「まあ、あの人、えらい人なんだ！」

化粧も地味でお洒落もせず正午になるとネコの餌を家の前の駐車場に運んでくる小柄で小肥りのあの人がピアノの演奏家とは「ちーとも知らなかった」のである。以来可奈ちゃんは「おばちゃん」に対していっそうの敬愛の心を持つようになったし、「いつか、おばちゃんにピアノを教えてもらいたいな」と思うようになった。

その可奈ちゃんが「おばちゃんのところに仔犬が来た」というニュースを聞いて早速飛んできたのだ。

「おばちゃんのところに仔犬が来たんでしょ？」

「そうよ、でも可奈ちゃん、よく知っているのネ、まだ来たばっかりなのに」

「ええ、松木さんのおばさんが話してるのを聞いちゃったの」

可奈ちゃんはもう最初からその仔犬をもらいたいと思って来たのだが、バス・タブに案内され、まるまると太ってころころしているマルちゃんを見ると矢も楯もたまらなくなったらしい。

「おばちゃん、可奈ちゃんにこの犬くれない？」

「欲しいの？ そうね、可奈ちゃんのとこなら安心して上げられるわね。近いし、いつも見にいけるもの。じゃ、こうしよう。マルちゃんが、もう少し人間に馴れてきたら上げるわね。いまはまだお母さんから離れたばっかりだから、少し落ち着いてくるまでそっとしておいたほうがいいでしょ」

「わかった」

おばちゃんはマルを抱き上げてバス・タブから出した。「マルちゃん、可奈ちゃんがあなたをもらってくれるって、どうする？ 右田マルになる？」と言いながらマルを可奈ちゃんのほうに近づけてみた。可奈ちゃんはニコニコだが、マルは顔をそむけて文恵さんの肩によじのぼって逃げようとする。

「ホラ、まだ、よその人がこわいの」

可奈ちゃんは自分で抱きたい気持ちをがまんして、見るだけで満足して家に帰った。

三日後、彼女はお母さんと一緒に現れた。

「なんだか可奈がわがままなお願いをしたそうで申しわけありませんでした」

とお母さんは前置きして、犬を飼えない事情を述べた。それによると、右田さんの長女つまり可奈ちゃんの一番上のお姉さんは少し前に重い腎臓の病気にかかり、腎臓を二つとも摘出し、代わりにお母さんから一つの腎臓をわけてもらうという大手術をしたところだった。いまは予後の観察期間中であり、犬やネコその他のペットは雑菌をもたらす可能性があるので近づけないようにと担当医から止められているという。

可奈ちゃんはお母さんが話をしている間じゅう、黙って上を向いていた。「涙がこぼれないように」していたのかもしれない。お母さんが何度も頭を下げたあと「じゃ、失礼します」と言うと、可奈ちゃんは「さようなら」とひと言だけ言って、あとは何も言わずに背中を見せて帰っていった。その言葉が文恵さんの耳に残った。

「さようなら……」

その告別の辞は「おばちゃん」に言ったのだろうか。それともバス・タブにいるマルに言ったのだろうか。

マルちゃんはもらわれずに済んだ。

チョッちゃんは相変わらず毎朝食事に来る。ときには夕方にも現れることがある。それも変わらない。変わったのは食事の量である。明らかにマルやクロを育てていた頃より量は減った。しかしチョッちゃんが依然として痩せこけたままでいるのを見れば、彼女に依存している仔犬がまだ残っていることがわかる。

「チョッちゃん、マルもクロも元気よ。おうちにはあと何人いるの？　まだがんばらなくちゃいけないのね」

文恵さんは毎回そう言いながら、チョッちゃんにお皿を差し出す。

保健所はまだやってこない。いずみさんのマンションでの決議で、保健所にチョッちゃん親子（彼らの言葉では〝ノラ犬たち〟）の捕獲を依頼することに決まったという知らせがあってからもう一ヶ月近くになる。

食事が終わってチョッちゃんが帰途につくと、文恵さんはその背中に声をかける。

「チョッちゃん、次の子を早く連れていらっしゃいよ。保健所に捕まらないうちにネ」

九月二十三日、マルとクロの三回目の写真を撮った。体重はふたりともこの一週間に一・五キロも増えた。まんまるだったマルもクロも少し細長くなってきたし、三週間前には、立ち上がってもバス・タブの上にようやく手がかかる程度だったのが、もう今では立ち上がると胸まで出てしまう。

九月二十五日、クロがついにバス・タブを乗り越えて外に出た。

九月二十七日、ついにマルもバス・タブを乗り越えた。清さんは「ケージを買わなくちゃ」とつぶやいた。

同日、ついにチョッちゃんの三匹目の子供が目撃された。西井さんの家の表のベランダからはまっすぐに延びている道があり、突き当たりはチョッちゃんが姿を消す公務員宿舎で、そのあたりは広場のようになっている。午後三時頃だった。チョッちゃんがそこに姿を現したのである。手前のマンションの管理人の奥さんは道を掃いていてチョッちゃんに気がつくと、「お待ち、いまパンを持ってきてやるから」というような身ぶりでいったん家の中に入った。ほどなく二、三枚の食パンを持って現れた。チョッちゃんはパンを見るといそいそと道路に〝お坐り〟をした。奥さんはパンをちぎってほうってやる。

そのときである。マンションの壁沿いの繁みの陰から一匹の仔犬がちょこちょこと出てきて、チョッちゃんの食べているパンを食べようとしたのである。清さんと文恵さんはこのときベランダにマルとクロを出して遊ばせていたので、偶然この場面を見てしまった。

「あら、あなた、見て、三匹目だわ、仔犬だわ」

文恵さんがうわずったような声を出した。二人のいるベランダからは秋の傾いた陽は半ば逆光で細部は見えにくいが、仔犬にはちがいない。全身が黒っぽく、毛の感じはクロに近い。仔犬は道に落ちているパンをひとつくわえると、もとの繁みに戻って見えなくなった。チョッちゃんは道路に坐ったまま残りを食べている。

「行ってみようか」

「行ってみましょう」

清さんと文恵さんはマルとクロを一匹ずつ抱き上げてバス・タブに戻し、サンダルを突っかけて大急ぎで階段を下り、表に出てみた。だがチョッちゃんの影はなかった。親子のいた場所まで行って繁みものぞいてみたが、犬の姿は見えなくなっていた。

二人はわが家のほうに戻りながら考えてみた。

あの第三の仔犬が現れたということは、チョッちゃんの意志だったのだろうか。それとも単にあの子が親犬のあとをくっついてきただけなのだろうか。

しかし三匹目のあの仔犬は何をしに出てきたのだろう。母親は〝子別れ〟の覚悟で連れ出してきているのではないのか。

あの仔犬はただ単なる三匹目に過ぎず、まだ四匹目や五匹目がいるのだろうか。

チョッちゃんの〝家〟の隣のマンションに住む清さんの義妹のいずみさんの話では、「ノラ犬の子は一匹になった」という最新の情報が入っているということだった。

とすれば、チョッちゃんの子は全部で三匹だったのかもしれない。いま姿を見せているあの黒い子が最後かもしれないのである。とすれば、最後の子なのでチョッちゃんはいまだにあの子を手放せないでいるのだろうか。そんなことはあるまい。だとすると、あの子が気が弱くて、西井さんの家まで来られないのだろうか。マルとクロの例からみれば、チョッちゃんは手放すときはいつも毅然としており、子別れできないような甘っちょろい母親ではないようにみえる。

翌日、清さんはケージを買いにでかけた。細い金属の棒でできた幅五十センチ、高さ六十センチほどの一枚の柵を何枚か組み立てて作る。天井もなければ底もない、言ってみれば、ただの囲いのようなものができた。居間のじゅうたんの上にビニールを敷き、そこにこの囲いを置く。そのままでは簡単に動いてしまうから、四隅にレンガを置いて動かないようにする。タテ一メートル五十、ヨコ一メートル。なんのことはない。畳一枚に近い大きさである。これを居間に置いてみると、人間のための空間がなくなってしまう感じとなる。ここにマルとクロを入れ、ふた隅に寝床用にとタオルを重ねて置いた。準備ができると、バス・タブから出されたマルとクロはここに入れられた。西井家に来てからマルは四週間、バス・タブとベランダだけの生活から、広々とした部屋のケージに移った。しかも、ここは家人がいつも歩くし、客やお手伝いさんも、宅配便の配達さんも顔を見せる。静かに保護されていた環境から新しいオープンな場所で、いよいよ成犬になり人間たちとつきあう準備を始めることになったのである。

案ずるより生むが易く、入口の扉があき、訪問者の声がしたりすると、客の姿が見えないうちから、みごとなことに、マルもクロも（互いに真似しあって）一人前にワン・ワンと吠えたてるのである。

「えらいぞ、きみたち、その調子だ。赤ん坊でもさすがは犬だ」

清さんがおだてるとますます得意になって吠える。

「よし、がんばって吠えろ。ホラごほうびだ」

清さんは小さなサイコロ型のジャーキーをひとつずつ与えて、仔犬たちの頭を撫でた。

チョッちゃんの第三の仔犬が目撃されてから四日が経ち、暦は月が変わって十月になった。ここまでくると、文恵さんの勘では、仔犬はあれが最後のひとりのような気がする。でもあの子は、ふたりの兄たちよりちょっとばかり用心深い、というか怖がりなのだろう。

十月一日の早朝、いつものように文恵さんが下におりてみると、外ネコたちは顔をそろえて待っていたが、いつもなら来ているはずのチョッちゃんの姿が見えない。どうしたのだろうと、ちょっぴり心配しながら、まず二匹のネコに餌を与えた。そのあと、その日はゴミの収集の日だったので、可燃ゴミを運び出す準備をしていると、五十メートルほど先の角からチョッちゃんらしい動物が姿を現すのが見えた。夜は完全には明け切っておらず、その建物のあたりはまだ薄暗いが、それはまずチョッちゃんにまちがいない。

「やっぱり来たのね、チョッちゃん、きょうは遅かったから心配したわよ」

と文恵さんは心の中で呼びかけた。待つほどにチョッちゃんは近づいてきたが、そのとき文恵さんの眼がパッと輝いた。「チョッちゃん、やったじゃないの、とうとうやったわネ」。思わず文恵さんは心の中で快哉を叫んだ。チョッちゃんの横をちょこちょこと歩いてついてくるのは、四日前にちらと見たあの黒い子にちがいなかった。来たのだ、やっと、来る気になってくれたのだ。チョッちゃんの説得が功を奏したのか、マルとクロの二先輩並みに夜明けの道を母親に連れられて西井家に三番目の子がやってきたのだ。文恵さんの頬がゆるむのも無理はない。この何週間か、文恵さんはこの子のことが気がかりで、夜、寝ていても夢を見てパッと起きることがあった。夢の多くは小さな黒い仔犬が保健所の職員の網にかかり、連れていかれそうになる情景である。一度などは「やめて、やめて」と大声で言って自分でその声に驚いて目がさめたこともある。それほどに心配していたその仔犬がとうとうやってきてくれたのだ。あと十メートル……文恵さんはドキドキした。

そのとき、異変が起きた。そこまで、母親とつかず離れずに歩いてきたその仔犬が、突然Uターンすると、いま来た道を一目散に逃げ帰ってしまったのである。

チョッちゃんは追わなかった、というよりなにか呆然と立ちつくしていた。

文恵さんはチョッちゃんに近づき、優しく撫でてやった。

「まいったわね、チョッちゃん。まいった、まいった、でしょう。根気よくやろうネ、チョッちゃん。あなたはこんなに痩せて苦労しているのに、あの子はまだお母さんを解放してくれないで、お母さんにすがるというの……」

チョッちゃんを撫でながら、あの臆病な子を早くつかまえてチョッちゃんを楽にしてやる方法はないものか、なにか手伝うことはできないかと考え始めていた。

クロちゃんのムコ入り

その夜のことだった。久しぶりに寄った行きつけの鮨屋で、清さん夫妻は南條さんに会った。

南條さんの住まいは横浜だが清さんの近くに事務所を持つ税理士さんで、清さんのアマチュア・

オーケストラ、レ・サンフォニストの仲間でもある。清さん夫妻とは二十年の知己である。

「ところで、八ヶ岳の合宿に連れてきた犬、マルちゃん、あれのあとにもう一匹来たんですってね」

その夜、鮨屋での南條さんは珍しく一人でいたし、ほかに相客もなく清さん夫妻と三人で話がはずんだ。

「そうなの、あの一週間後に母親がまた連れてきたの、マルは茶色だけれど、ふたり目はまったくちがって真黒だったの。それでクロって名前にしてるんだけど」と文恵さんが答えた。

「えらいお母さんだよね。そうやって連れてくるんだから。そういう話を聞くとぼくなんか感動しちゃうな。家内とも話しているんだけど、そういう立派なお母さんの子なら、仔犬たちもきっといい子にちがいなかろうってね」

南條さんの奥さんは長い間大手の婦人雑誌の編集長を務めた人で、いまは独立して編集の仕事を続けている。南條さんは語を継いだ。

「それに、ほかにもまだ仔犬がいるんでしょ。近々お母さんはそれも連れてくるつもりなんだろうなあ」

「そうなの」と言って文恵さんはその第三の子が、今朝、家のすぐそばまで来ながら逃げて帰った話をした。「その子も真黒でクロちゃんのようだったけど……でもいずれあの子も家に来るわ」

「そうなると大変でしょう。お宅には犬はもともと久太がいるし、そこに仔犬が三匹来て、ほかにネコが四匹いて」

「五匹なの」

「五匹か、ハハハ、大所帯になっちゃうじゃない」

「そう、動物園」

三人は大笑いした。

「マジの話だけど」と南條さんが言った。「どうです。一匹もらってあげましょうか。マルちゃんはもう情が移っているから手放せないでしょうけど、クロちゃんならまだ手放せるのでは――だめかなあ」

清さんはクロのことを思い浮かべた。マルとクロは狭いバス・ルームから出されて、新しく買ったケージに入れてもらったところだ。広くなった空間にふたりは大喜びだし、人間と同じ部屋に住むようになって、いっぱし家人のようなつもりになっている。そんな犬たちを手放すなんてことはまだ考えてもいなかった。文恵さんも同じだった。

だが、いつかは手放さなくては、それこそ動物園になってしまう。

「いやぁ、うちの子供たちも、チョッちゃんが仔犬を連れてきたという話を聞いて感動しましてね。仔犬を一匹引き取らせてもらったらと言ってるんですよ」

南條さんは男と女ひとりずつの子持ちである。息子さんのほうは都合のいいことに獣医の見習い中である。現在自宅にはデミちゃんという牝の大きなハスキー犬がいる。このデミには子供がいないから、クロを見たらきっと可愛がるだろう……。

そう考えてみると南條さんの家は仔犬が養子縁組をするには最高の条件が揃っていた。横浜の郊外の広い庭のある一戸建ての家、年配の明るくて優しいご夫妻、獣医の卵の息子さん。今の世の中では犬にとってぜいたく過ぎるほどに整った環境といえるだろう。チョッちゃんが自分の体を犠牲にして育てた赤ちゃんだから、養子に出すなら幸せになれる条件の整った家に出したい。その意味ではありがたい南條さんの申し出であり、それをお断りする理由はなにもなかった。別れはつらいけれどクロちゃんのムコ入りは、善は急げとばかりに次の木曜日、十月九日の午後と決まった。

だが家に戻る清さん夫妻の足どりは重かった。わずか三週間だったが、クロはもうすっかり西井家の子であった。本人もしっかりその気になっているだろう。もし犬に口がきけたら、きっと「ボク、ココンチノ子ダヨ。ヨソニナンカイカナイヨ」と言うかもしれない。つらくとも、いつかは別れなければならない。実の母のチョッちゃんだって子別れできたのだから、人間も勇気をもって別れなければならないだろう。

重い心で戻って、玄関のドアを開けるとマルとクロは大喜びだ。ワンワンキャンキャン、全身をもって喜びを表し、柵をも飛び越えそうな勢いでジャンプを繰り返すのだ。「よしよし、ただいま。おりこうに留守番できたか」。清さんがマルを抱き上げると、文恵さんはクロを抱き上げた。文恵さんはそうしてクロを抱いたまま、いつまでも頰ずりしていた。言葉には出さなかったが、クロにお別れを言っていた。
「クロちゃん、せっかくうちの子になったのに、来週はお別れするのよ。南條さんのうちはすてきなお庭つきよ。みんないい人だから、あなたもいい子にして、可愛がってもらいなさい。しあわせになりなさいね。チョッちゃんも祈っているわよ」

西井さんの家を目前にして逃げて帰った三番目の仔犬は、その後は姿を見せていない。保健所はまだ捕まえに来ないけれど危険は去ってはいない。そんな中で、文恵さんは、あの子が来るのを坐して待つだけでなく、こちらから出向いて積極的に手なずけてしまう方法はないかと考え始めていた。

幸いに、チョッちゃんは公務員宿舎の角まで子連れで出てくるのが目撃されるようになっている。そんなとき、チャムの皿を持ってチョッちゃんに近づき、その餌をチョッちゃんに与えると同時に、離れて近づいてこない仔犬のほうにもチャムを少し投げてやる。つまり餌付けをしてみようというわけである。十月三日から、文恵さんは暇を見ては二階のベランダから公務員宿舎の角のほうを注意してみるようにした。

次の日チョッちゃんは午後の四時頃現れた。すでに傾いた秋の夕日の中、最初はチョッちゃんひとりのように見えたが、近づいていってみると、三メートルほど離れたツツジの植込みの陰にどうやら仔犬がひそんでいるようだった。文恵さんはお皿のチャムを少し取ってチョッちゃんの前に置いた。チョッちゃんはすぐに食べてしまった。仔犬は親がチャムを食べるのを見ただろうか。また少し与える。すぐに食べる。少し与える。すぐに食べる。間を置きながらそれを繰り返してみたが、仔犬の側に動きはない。しばらくして文恵さんは、仔犬のいるとおぼしいあたりにチャムをほうってみた。仔犬が植込みから出てそれを食べることを期待したのだが、仔犬は出てこなかった。チョッちゃんもそちらをチラと振り返っただけで、そのチャムを拾いにいこうとはしなかった。それより文恵さんの持っている残りのチャムを欲しがった。文恵さんはそれをチョッちゃんに与えると、「それじゃ、きょうはおしまいよ」と言って立ちあがり、家のほうにではなく、表通りのほうに向かって歩き出した。そちらへ歩いていったほうがツツジの繁みの様子が見える。つまり、人間の姿が遠ざかれば、仔犬は出てきてチャムを食べるかもしれないという期待である。しかし、二十メートルも離れても仔犬は出てこなかった。繁みのそばに落ちたチャムは結局チョッちゃんが拾って食べてしまった。食べると彼女はそのまま自分のすみかのほうに歩いていった。例の崖っぷちの道である。だが、母親が行ってしまっても仔犬は姿を見せない。ひょっとして、さっき繁みの陰に仔犬が見えたように思ったのは目の錯覚だったかと文恵さんが思ったとき、小さい黒い仔犬が繁みを飛び出して母親のあとを追って走っていくのが見えた。やはり仔犬は来ていたのである。一日目はまず失敗だった。

注意していると次の日も同じような時間にチョッちゃんは同じ場所に姿を現した。文恵さんはこの日も前日と同じような手順を繰り返したが、結果は徒労に終わり、用心深い仔犬は繁みに潜んだまま出てこなかった。

　十月六日、文恵さんは方針を変え、チャムのかわりに食パンを小さくちぎったのをたくさん持っていった。九月二十七日にチョッちゃん親子はここでパンを投げてもらったのを食べていた。文恵さんはまずパンをチョッちゃんのまわりに撒いた。それから仔犬のいる繁みのほうにほうってやった。作戦は当たった。パンを即座に食料と認知した仔犬が繁みの中から姿を現したのである。仔犬は立ち止まって文恵さんの様子を見ていたが、文恵さんがしゃがんだまま動く気配がないと見ると、パンの小さい塊をひとつくわえて繁みに入った。またすぐに出てきて、文恵さんの様子をうかがいながら次のパンをくわえた。今度は繁みの中にまでは戻らず、こちらに尻を見せて食べた。三つ目になると仔犬はその場で食べ始めた。文恵さんとは二メートルの近さだ。明らかに文恵さんを無害な存在と認めたようである。チョッちゃんは自分がもらったぶんを食べ終わると、仔犬のほうに近寄ったが、仔犬のぶんを取って食べるわけではなく、脇でじっと見ているだけだった。その間に文恵さんは仔犬を観察した。全体は真黒な艶のある毛で覆われ、シッポは丸まって、その先が少し白くなっている。耳は立っていて顔はクロにそっくりであるが、クロにはない白い模様が口のまわりとか目の上などに見られる。そのあたりにはまた茶色い毛も見られるので、言ってみれば顔は三色で、いわゆる〝黒柴〟といわれる純粋種の真黒い柴犬によく似ている。チョッちゃんを妊娠させた牡犬は黒柴だったのだろうか。では眼の前のガリガリに痩せた裸犬のチョッちゃんは何種の犬なのだろう。

この日の文恵さんは仔犬から離れて観察することにとどめた。焦って事を仕損じないことが肝要である。

サンちゃんつかまる

十月九日が来た。午後、南條さんはお嬢さんと二人でクロを受取りに現れた。ふしぎなことにいつもなら他人には吠えるはずのクロが二人の見知らぬ客の姿を見ても吠えなかった。いつもながらなにか自分の運命の予感があるのだろうか。南條さん親子がケージに近づいても、吠えもせず、逃げもせず、じっと相手を眺めている。

「よし、よし、クロちゃん、いらっしゃい」

文恵さんはケージの中のクロを抱き上げ、背中を撫でながら南條さんの顔に近づけた。

「こんにちは、初めまして……クロちゃん」

南條さんがそう言いながら手を出して撫でると、クロは撫でられるままにおとなしくしている。いつもなら活発に動き回るクロがそうしておとなしくするのを見ると、文恵さんには、やはりこの子は動物特有の能力をもって、この目の前にいる人物が自分の新しい飼主になるのだと知っているように思えてくる。

その日はちょうど文恵さんの仲間の客も来合わせており、皆はいかにしてチョッちゃんが子供を育て、そしてこの家に連れてきたかという話に花を咲かせていた。マルとクロが眼の前のケー

チョッちゃんが初めて仔犬を連れてきたのは一九九七年の八月二十九日だった。写真・右がそのマルちゃん。さらに六日後にはクロちゃん（左）を連れてきた。ふたりそろってバス・タブに手をかけてこちらを見る（撮影は九月二十三日）

マルもクロもバス・タブを乗り越えるようになったので、九月二十八日にケージを部屋に設置した。三番目の仔犬は用心深くて、なかなか近づいてこなかったが、クロが南條さんにもらわれていく十月九日に、とうとう西井家にやってきた。写真・左がそのサンちゃん。右はマルちゃん

右／恵まれた環境の南條家ですくすくと育ったクロちゃん
下／クロちゃんは先住のハスキー犬のデミ（写真・左）ともすぐにうちとけた

左／体が黒、白、茶の三色で、三番目の子だったのでサンちゃんと名づけられた。生まれた年の十一月四日に百地さんにもらわれていった（写真は一九九八年八月十六日）
下／サンちゃんはチョッちゃんの子のなかで一番の美男子。ノーブルな牡の黒柴そのものだ

上／西井夫妻の手もとにはマルちゃんが残り、元気に育っていった。横目でチロリと見るお得意の顔
左／母親のチョッちゃんと遊ぶマルちゃん（一九九八年十二月二十七日）

ジにいるだけに話題はホットである。

と、そのとき、清さんがベランダ越しにチョッちゃんの姿を見かけた。

「チョッちゃんが来たよ。ほら、あそこ」

見れば真黒の仔犬の姿も見える。五十メートルほど先のいつものコーナーである。文恵さんはちらと時計を見た。三時少し前である。「きょうは早いのね」と言いながら、パンを一枚棚から取ると「ちょっと行ってくるわね」と言って出ていった。

客たちも清さんも、窓際に集まってその文恵さんをガラス越しに眼で追った。清さんが客に説明した。「いま見えているでしょう。あれが三匹目の仔犬なんですけど、なかなか臆病というか用心深くて、近寄ってこないんですよ」。皆が見守る中を文恵さんがチョッちゃんに近づいた。なにかチョッちゃんに話しかけている。仔犬の姿は消えている。文恵さんがしゃがんでパンを出した。手でちぎってチョッちゃんの前に置いてやった。チョッちゃんがそれを食べ始めた。

五十メートル先のできごとは、こちらから見ると音の無いパントマイムである。

文恵さんがしゃがんだままもうひとつパンをちぎったとき、左の繁みから黒い仔犬が姿を見せた。

「あ、仔犬が来たわ」

だれかが言い、窓際の注意は一斉にそのほうに注がれた。

「真黒な子ね」

仔犬はためらいがちにチョッちゃんに近寄ろうとしている。文恵さんが新しくちぎったパンを仔犬に見せている。仔犬がためらっているので文恵さんはそっと仔犬のほうにほうってやった。仔犬が近寄ってくわえた。持って繁みに入るかと思えば、動かずにその場で食べ始めた。以前と少し様子がちがう。

「逃げないわね。きょうは」

「逃げないわね。うまくいくかしら」

だれもが文恵さんに肩入れしている。

文恵さんは二つ目をちぎったが、今度はほうってやらずに、仔犬に見せびらかしている。仔犬は欲しいのだろうが近寄ってこない。

「がまんくらべだね」

観客席もがまんくらべの様相になった。

「へたにやってつかまえそこなうと、仔犬が警戒して二度と近寄らなくなるといけないのでね……」と清さんが文恵さんを代弁した。

と、文恵さんがチョッちゃんのほうを向いた。それまで仔犬に見せていたパンをチョッちゃんにやってしまった。チョッちゃんが食べ始めた。すると仔犬はいかにも欲しそうに母親に近づいてきた。文恵さんとの距離がつまった。文恵さんがもうひとつちぎってパンを仔犬に見せた。仔犬は近寄って文恵さんの手からパンをもらって首を振りながら食べた。食べ終わると文恵さんが、ゆっくりと、もうひとつちぎった。仔犬は目の前でそれを見ている。

そのとき動きがあった。仔犬は文恵さんの持っているパンのほうへ自分で近づいてきたのだ。文恵さんがそのパンを差し出した。仔犬は近寄って文恵さんの手からそれをもらった。食べ始めた仔犬を文恵さんの左手が撫でている。右手がのびて、仔犬を抱き上げた。

窓側のギャラリーたちはどよめいた。

成功だ。文恵さんが仔犬をつかまえたのだ。

文恵さんが仔犬に頬ずりしている。

チョッちゃんは坐ったまま黙って見上げている。

文恵さんがチョッちゃんになにか声をかけている。チョッちゃんは黙っている。

文恵さんがこちらに向かって歩き始めた。二階のベランダのギャラリーたちが一斉に手を振った。文恵さんは三匹目の仔犬を頭の上にさし上げて見せた。ベランダでは皆がお互いに文恵さんの成功を祝って拍手をした。南條さん親子に加藤さん、山田さん、木村さん、だれもがニコニコで文恵さんを祝福した。

十メートルほど歩いて、文恵さんはうしろを振り返った。チョッちゃんは同じところに坐って遠ざかるわが子を見送っていた。

とうとう最後までチョッちゃんの姿勢は変わらなかった。文恵さんの姿が家の中に消えるのを見届けると、チョッちゃんは初めて体を起こし、こちらに背を向け、すたすたと歩き出した。そこは彼女自身の〝家〟の方向である。家に帰るのだろうか。もはや空っぽのはずの〝家〟に。

彼女の三匹目の、おそらくは最後となる子別れは終わった。再びひとりになったチョッちゃんの小さな背中が、しのび寄る夕暮れの逆光の中に消えていった。


「この子も牡だったわ。チョッちゃんは三匹牡ばかり生んだのかしら」

この子は〝黒柴〟そのものの顔立ちをしていた。眉のあたりに茶色の毛、全体は真黒で、腹が白、手足の先も白足袋をはいている。居合わせた人たちが一斉に「可愛い！」を連発しながら文恵さんの腕の中で身を固くしているこの子を撫でた。この子は「サンちゃん」と名づけられた。三番目に来た子だからでもあり、体が黒、白、茶の三色だからでもある。

サンちゃんはクロちゃんのいたケージにマルと一緒に入った。マルは大喜びでサンちゃんと早速に取っ組みあいを始めた。ガフガフ、フムフム。クロは南條さんのお嬢さんの腕に抱かれて、ウンともスンとも言わず、黙って彼らが暴れるのを眺めている。せっかく三匹が劇的な再会をとげたことであり、クロも一緒になって取っ組みあいの輪に入り、喜びを表現したいところであろう。だが、いまは南條家にもらわれていかなければならない。そのじっとしているクロの姿が文恵さんには限りなくいとおしいものに思えた。


人間たちの別れの言葉が盛大に飛び交う。「では、さようなら」「クロちゃん元気でね」「しあわせになるのよ」「また会いにいくからな」「元気でね」「さようなら……」
クロが出ていってしまい、ほかの客たちも帰るとなんとなく、シーンとした気分が残った。その中でマルとサンちゃんだけは元気だ。「ウワォ」「キャン」。あとはガフガフ、フムフム、ドスンバタン……人間たちのしんみりした気分をよそに、マルちゃんとサンちゃんの再会の喜びの表現は続く。まだがんぜない坊やたちなのである。

サンちゃんは見れば見るほど美男子だった。ある日ドッグフードの重い袋を配達にきてくれたペットショップのお兄さんが、サンちゃんを一目見るなり「おや黒柴だ。いい子だねぇ」と言ってくれた。プロの目にも純粋の黒柴に見えるほどなのだ。

そのサンちゃんの縁談はそれから十日後の日曜日に決まった。八月の最後の週末のレ・サンフォニストの八ヶ岳の合宿のとき、指揮者の百地さんがマルちゃんを見てメロメロになったものだったが、その百地さんの実の兄に当たる方が最近愛犬をなくして淋しがっているという話だったので、サンちゃんの写真をお見せしたところ、気にいられて、ぜひ欲しい、差し上げましょう、ということになったのである。

晴れてムコ入りは十一月四日と決まった。

チョッちゃんは仔犬をすべて手放してからも、毎日夕方になると文恵さんの外ネコたちにまじって食事をもらいにきた。確実に子育ての大業は終わったらしく、仔犬に食事を運ぶ必要のなくなった彼女はもはや以前のようにめちゃくちゃな大食いはしなくなった。自分を養うぶんだけ食べればよいのである。しかし、どういうわけか、一向にチョッちゃん自身の体は太ってこなかった。相変わらずの赤裸の痩せ犬のままである。

「どうしようかしら、チョッちゃんを」

三匹目のサンちゃんを収容してから四、五日経ったある夜、文恵さんが持ちかけた。

「どうするって……」

「あのマンションが保健所を呼ぶっていう話はまだ消えてないんですって」

「………」

「あのままチョッちゃんを放置しておけば、いずれだれかが通知して捕獲員が捕まえにくるわ。そのまえにチョッちゃんがどこかに姿を消してくれればいいけど」

「いいけど、よくないんだろう？　あのガリガリに痩せて毛の抜けたチョッちゃんをこのまま手放したくはないよ。またあの苦しみの二の舞をさせて見殺しにするようなものだ。そうだろう？」

「まあそうね」

二人は声を出して笑った。

翌日二人はチョッちゃんを迎える準備を始めた。清さんの家の前から横にかけて、庭というよりは狭い空地に木が二本立っている。二本の間隔は約三メートル。清さんはその間にロープを渡し、そこに環を通し、その環に犬の引綱をつけた。この引綱の端をチョッちゃんの首輪と連結すれば、チョッちゃんは約三メートルの間を行ったり来たりできる。

文恵さんは知り合いのペットショップから犬小屋を取り寄せた。カナダ製のログ・ハウスで大バーゲンとかいう品物だが、大きさはチョッちゃんには少し大きいようだ。「大は小を兼ねるでしょ」と言いながら、文恵さんは古いタオルケットを折り畳んでその小屋の中に敷きこんだ。

準備は完了したが、次の日チョッちゃんは夕食をもらいに現れなかった。張り切っていた清さんと文恵さんは拍子抜けしたような気分と、もしや何かが彼女の身の上に起こったのではないか、という不安な気持ちが交錯した。

翌日の夕方、何もなかったようにチョッちゃんが食事に現れた。自分の割り当てを食べ終わったチョッちゃんに文恵さんが声をかけた。

「チョッちゃん、あなたもウチの子になりなさいよ」

そう言いながら文恵さんはチョッちゃんの首筋のあたりを撫でてやった。

「あなた、もう子育ての責任は果たしたでしょ。あのお家へはもう帰らなくてもいいでしょ。実はチョッちゃんのために新しいハウスを用意したのよ。もとのお家へ帰ると保健所の人に捕まえられるかもしれないの、だから、よかったら、あの新しいハウスで寝なさいよ」

チョッちゃんは首を撫でられながら、じっとおとなしく聞いていた。文恵さんに抱き上げられても、暴れる様子はなかった。文恵さんはそのまま彼女を新しい犬小屋のほうに連れていって、その前に下ろした。そして彼女の古びた首輪に引綱をつけた。チョッちゃんは心得たもので、小屋の匂いを嗅ぎ、中に首を入れて、洗いざらしのタオルの匂いを嗅いでいたが、やがてすっと小屋に入るとこちらを向いて坐った。それは、まるでそこが最初からチョッちゃんの家であったかのように自然な動作だった。

文恵さんの顔に思わず笑みが浮かんだ。

「チョッちゃん、よかったわね、これであなたはもう餌を探しにいくこともないわ。どう……この新しいハウスは気にいった？」

チョッちゃんの顔も思いなしか笑っているように見えた。

チョッちゃん西井家の犬となる

その夜帰宅した清さんはチョッちゃんが何のためらいもなく抱かれてハウスに入った経緯を聞いて感嘆した。

「わかっているんだねえ。賢いものだねえ。人語が通じるとか通じないという問題じゃないんだ。心と心。人と犬との間のテレパシー。もしかしたらチョッちゃんは、もう何日も前からその気になっていて、声をかけられるのを待っていたのかもしれないね」

その日から早速チョッちゃんは西井さんの家の犬になり切ってしまった。というのも建物に出入りする人たちに向かって「ここは私の家よ」と言わんばかりに吠え始めたのである。新聞配達、クロネコさん、郵便配達、その他である。よその人たちに吠えるのは良いとしても、その晩ホロ酔い機嫌でご帰館になった三階の住人の宮さんに向かって吠えたのは問題だった。

宮さんは清さん夫婦の義弟に当たりABC交響楽団の金管奏者である。昔から、音楽家には〝軟派〟の人間が多いとされてきたが、どういうわけか金管奏者つまりブラスの楽器を吹く人たちは別の世界の住人で、伝統的に体育会系なのである。なぜだろう——戦前の陸軍や海軍の軍楽隊の伝統なのだろうか。金管《ブラス》の世界に入門するとまず躾けられるのが礼儀作法である。折目正しく大きな声でご挨拶ができることがレッスンの始まりである。だが、ヴァイオリンの学生などとなるとそうはいかない。美人のソリストとして有名な前田貞子さんは東京芸大助教授でもある。彼女の話では、芸大のレッスン室に時間どおり現れるのは先生である彼女のほうで、待つこと久しく現れた生徒は先生に遅刻を詫びるでもなければ、すまなそうな様子を見せるでもない。やおらヴァイオリンをケースから取り出すと、譜面を広げて、

「先生、どこからやるんだっけ」

とくるのだそうな。もし、そんなことを金管《ブラス》の教室でやったら大変である。

「おまえはここをどこだと思っているんだ。おれをだれだと思っているんだ。ラッパなんぞ吹かなくていいから、荷物を持って、さっさと出ていけ」

といったようなことになってしまう。

だから、ホロ酔いでご帰館になったところをチョッちゃんに吠えられた宮さんは、いささかシラけた思いをした。

「こら、なんだおまえは。おれはここの住人だぞ、ご主人様みたいなものだ。それに向かって吠えるとはなんだ」

まさにそのとおりなのだが、チョッちゃんが宮さんに逆らうには別の理由もあった。これより一ヶ月近く前、まだよちよちのマルちゃんを宮さんの娘たちが抱いて、折よく戻ってきた父親に見せたものだった。

「どう、パパ、見てよこの子、かわいいでしょ、ウチで飼ったら」

そのとき宮さんはこう言ったものである。

「だめだよ。そんなの。ただのノラ犬の子だろ。飼うんならもっと由緒正しい犬にしなさい」

そう言って宮さんは居合わせたチョッちゃんのほうを見た。その頃のチョッちゃんときたら毛が抜け落ち、ガリガリに痩せ、尾羽打ち枯らしたノラ犬の姿のままだった。それはどう見ても、体育会系の思考には適合しないヨレヨレの存在だった。しかし、一寸の虫にも五分の魂、チョッちゃんはこのとき宮さんの侮辱に対して抗議するかのように、急に吠えたてたものである。

犬が人間の与える侮辱を識別できるだろうか、と疑問に思う方もいよう。しかし、少なくとも犬は犬好き人間、犬嫌い人間を敏感に識別することができる。カラスでも、自分に対して害意を持つ人間を識別する。清さんはカラスに好意を持っていないが、一視同仁博愛主義の文恵さんに対してはカラスのほうで好意を持っており、ときには「きょうは腹が減ってるんです」とばかりに、文恵さんのすぐそばに来て訴えるような素振りをすることがある。そんなとき文恵さんが「それじゃ、そこで待ってなさいよ。いま持ってきてあげるから」。いったん家に入って残りもののハムなどを手に持って現れるとカラスは塀の上をチョンチョンと跳び歩いて文恵さんのほうに近寄り、手からハムをもらうとくわえて飛び立っていく。動物は言葉をしゃべらないだけに、かえって鋭く人間たちを識別する。いま目の前にいる人間は敵か味方か、好ましい人間か否か、動物なら誤ることなく瞬時に識別する。清さんの隣人の紀平さんがあるときあるカラスの恨みを買ったらしく、それからというもの、外出するたびに、不意に上空からそのカラスが襲ってきて後頭部を突っつくようになった。そこで紀平さんは変装することにし、帽子をかぶり大きなマスクをし、サングラスをかけ、息子のコートを着こんで外出してみたが、カラスはそんなことでは驚かない。ひと目で正体を見破ってたちまちに襲撃してきたものである。

また、以前に清さんの飼っていた牝犬のベスは生理のときにはパンツをはかされていた。それをある人が見とがめて、「あら、パンツなんかはいてこの犬おかしいわね」と言って大笑いしたことがある。以来ベスはその人を見ると吠え立てるようになった。ベスがどれほどの〝侮辱〟をその人に感じたかどうかはわからないまでも、少なくとも相手は好ましい人種ではないと弁別したであろう。宮さんに対するチョッちゃんの抵抗も、自分の仔犬をノラ犬呼ばわりされ、侮辱を受けたことに端を発していることに間違いはなさそうである。

宮さんに向かって吠え立てた一件を除けば、チョッちゃんが西井家の飼犬となる件はすんなりとうまくいったようであった。ただ仔犬のマルとサンちゃんが二階で家の中の生活をエンジョイしているのに、母親のチョッちゃんが外につながれた生活をしているのはどうしたものかなという矛盾は残ったままだった。

この時点では清さんも文恵さんもチョッちゃんの処遇を将来どうするかについては確とした答を持っていなかった。チョッちゃんがノラ犬として保健所に連れていかれるというその危険は取りあえず回避した。チョッちゃんは西井家の犬となったのである。ノラ犬ではなく紐につながれた〝飼犬〟なのである。

チョッちゃんがもとは飼犬であったことはほぼ間違いない。人なつこいし、首輪をしている。その首輪は革製でもとは真赤だったと思われるが、今では風化してグレーであり、ところどころにしか赤は残っていない。放浪を始めて何年になるのだろう。もとの飼主はチョッちゃんの行方を探しているのではあるまいか。

それとも捨てられたのだろうか。近頃はごく些細な理由で飼犬や飼ネコを捨ててしまう人が多いと聞く。もし捨てられて天涯孤独ならば、このまま西井家の飼犬になってしまってもいいだろう。しかしもとの飼主が探している可能性は否めない。

避妊の問題はどうする。今回の妊娠と出産とで体力を使いつくしてしまい、毛が抜け落ちて裸犬となってしまったチョッちゃんが再び妊娠するとしたら、今度こそまちがいなく死んでしまうだろう。だが避妊手術をしたあとでもとの飼主が見つかったら……。

取りあえずチョッちゃんを収容したものの西井夫妻は右のような問題に答を持っていたわけではなかった。

サンちゃんの引取りの日は十一月四日と決まっていて、そうなればマルひとりが清さんたちの手もとに残ることになる。チョッちゃんが一番先に連れてきて「この子をお願いします」と言って清さん夫妻に預けた子がマルであり、その意味では、マルを手放すことは、チョッちゃんに対する人間の側からの背信のように見えないことはない。清さんも文恵さんもそれとは口に出して言わないまでも、手放したくないような思いは同じであった。周囲にも、その気持は以心伝心で伝わるらしく、最初の可奈ちゃんの無邪気な要望以後は、だれも「マルちゃんを引き取りましょうか」という人はいなかった。夫妻も引取り手を進んで探す気がなかったので、やがて、マルはどこにも行かず西井の犬になるだろうということは、まわりの人たちにも暗黙の諒解となっていったようである。

クロがもらわれていってから一ヶ月が過ぎ、十一月四日が来た。

百地さんとその長兄という人が自分でサンちゃんの引取りに現れた。最近リタイアされた校長先生という方で、今どき珍しい丁寧な物腰でご挨拶を頂いた。

その方が玄関の扉を開けて部屋に入り、清さんたちと談笑している間、サンちゃんは吠えもせず、じっと問題の人を凝視していた。ずっと後になっても文恵さんの脳裡にはそのときのサンちゃんの姿が焼き付いたまま離れずにいた。

「それはふしぎだった。サンちゃんは凍りついたようにじーっとその人のことを見つめているのね。知らない人が入ってきたらワンワン吠え立てるのに、ただじーっとその人を見ている……」

その様子は、人間にはない動物特有の超能力のようなものによって、その人が何者であるのかをサンちゃんが瞬時に知ってしまったように見えると文恵さんは言う。

サンちゃんはその百地さんに抱き上げられたときもおとなしくしていた。クロもそうだったが、この人にもらわれていくのだ、今から自分の飼主はこの人なのだと本能が教えているのだろうか。そういえば、さんざん逃げまわって母親を手こずらせたサンちゃんが、いよいよ文恵さんが手を伸ばしたときには、逃げもせずに抱き上げられたものだった。あっけに取られるほど素直だったあのときも、仔犬の本能が、今が自分のその時であると教えたのだろうと文恵さんには思える。

「よかったわね、サンちゃん。きょうからあなたは新しいお家に行くのよ。広いお庭もあるんですって。たくさん遊べるわよ。元気でいらっしゃいね」

リンちゃんは百地さんの腕でじっとしていた。文恵さんがお別れに顔を近づけると、珍しくベロベロと文恵さんの鼻のあたりをなめた。サンちゃんなりの別れの挨拶であったろう。

一同は揃って階段を下り、表に出た。チョッちゃんが紐につながれたまま小屋から出てきた。

「チョッちゃん、サンちゃんとはきょうでお別れよ」

と文恵さんに言われるまでもなく、すでに子別れの済んだチョッちゃんは、車に乗りこむわが子の姿を、坐ったまま静かに見送った。

第六章

よみがえるチョッちゃん

さかのぼって、飼犬になったチョッちゃんにはボロボロになった細い革の古い首輪の代わりに、真赤な新しい首輪が贈られていた。大先輩で十歳の柴犬の久太はもとから黄色い首輪をしている。四ヶ月になったマルも一人前に青い首輪を買ってもらった。

チョッちゃんの首輪の新調には小さなエピソードがある。ある日古い首輪をつけたまま午後の〝お散歩〟から戻ったチョッちゃんが家の前で何かの音に驚き走り出したとき、文恵さんが引綱を引っ張ると、チョッちゃんのボロボロの首輪が切れ、フリーになった彼女はそのままどこかに走り去ってしまったのである。驚きと心配の重なった文恵さんが近くを探したが、チョッちゃんの姿は見えなかった。もちろん一番最初に彼女の古巣の廃屋にも尋ねていってみたのだが、そこには戻っていなかった。途中でいつもの〝キャッチャーさん〟に会った。

「あら、いまこの辺であの裸犬を見なかった?」

「え、あの犬? あれってお宅が飼ったんじゃなかったの。みんなそう言って噂してるよ。西井さんの家があの犬を飼ったって」

「そうなの。うちで飼ったんだけれど、いま綱が切れてどこかへ行っちゃったの」

「へえ、どうしたんだろうね。お宅にいたほうがメシが食えるのにねえ」

逃げられてしまったことに文恵さんは虚を突かれる思いだった。出会いの最初から数えればもう三ヶ月以上ものチョッちゃんとのつきあいだったたし、新しい小屋を作って彼女を紐につないだときも、嫌がらないどころか、むしろいそいそと自分から小屋に入り、新しいタオルでできた寝床に満足したように寝そべっていたし、朝夕の散歩も何の抵抗もなく一緒に歩き、文恵さんたちとは最初から飼主と飼犬の間柄であったかのように振る舞ってきたからである。それがまさか脱走してしまうとは、思いもよらぬ不信任状を彼女からもらってしまったような気がした。なにか気にいらないことがあったのだろうか……。

ここではないか、あちらかもしれぬと、チョッちゃんの立ち回りそうなところを尋ねて近所の路地を歩いてみるが手がかりはなく、やむを得ず戻ってきた文恵さんは、買物帰りの近所の松木さんに会った。松木さんは自分でもゴローという柴犬を飼っている。彼女は気さくに文恵さんに呼びかけた。

「あら、奥さん、いまお宅の新しい犬を見ましたよ」

「え、どこで」と文恵さん。

「そこ、あの角を向こうから来て、あっちのほうへ走って行きましたよ。たった今ですよ」

「ありがとうございます……」

文恵さんは言われた角のほうに走って行ってみた。だがそれらしい方向にすでにチョッちゃんの姿は見えなかった。でも、ひとつわかったことは、彼女がどこか遠くに行ってしまったのではなく、このあたりを走り回っているらしいということである。それはわずかな安心材料になった。

文恵さんが手ぶらで空しく戻ってくると、松木夫人はまだ自宅の門の前で待っていてくれた。

「見つかりませんでしたか」

「ええ」

「おなかが空けば、きっと帰ってきますよ」

松木夫人は慰めるように言ってくれた。それは特別な意味をこめた言葉ではなく単なる慰めの社交辞令だったかもしれない。しかし文恵さんにはハッとひらめくものがあった。そうだ、チョッちゃんは空腹になれば戻ってくるかもしれない。もとはと言えば、毎日、朝に晩に文恵さんのもとへ食事をもらいにきていたのがチョッちゃんではないか。と思うと文恵さんの気分は少し明るくなった。

だが事態は案ずるより生むが易かった。

「あら」と松木夫人がびっくりしたような声を出し、道の向こうを見ながら「アレでしょ」と指をさした。文恵さんはその手のさす方向を見るより早く喜色満面といった顔になった。

「チョッちゃん！」

まさにそれはチョッちゃんに違いなかった。走り疲れたのか、ゆっくり、ゆっくりこちらに歩いてくる。なにかバツが悪そうでもある。首輪が切れたのでこれ幸いと走ってしまったものの、西井さんのもとに戻るとなると、いささかきまりが悪い——文恵さんは文句なく優しい「お母さん」なのに、その人に心配をかけるなんて悪いことをした——人間ならそんなことでも考えているかのように、しおたれて、のろのろとチョッちゃんは戻ってきた。でもチョッちゃんは叱られなかった。文恵さんは戻ってきた彼女を抱き上げて頬ずりしてくれた。チョッちゃんはいそいそと自分の小屋《ハウス》に入って、安心したかのようにごろりと横になった——首輪なしで。

その夜からチョッちゃんには赤い新調の首輪がつけられた。

「やっぱり先生にお願いしてみようか」

夕飯のあとで、ウィスキーのグラスを傾けながら清さんが言った。

「いつチョッちゃんが放浪の生活に戻ってしまってもいいように」

懸案となっている不妊の手術を中江先生にお願いしてみようかというのである。今回のできごとのように、なにか野性の本能とか、身についた放浪の自由な生活感覚といったようなものが、突然の衝動となってチョッちゃんの体の中に噴き出してくるようなことが、もし万一あったとして、それきり彼女が清さんたちの保護を振り切って放浪の生活に戻ってしまうとすれば、再び妊娠、出産とそれに伴う生死の線上すれすれの飢餓とにさらされなければならない。だが、チョッちゃんに不妊手術を施しておけば、彼女は二度と今回のような飢えにさらされないで済む。母乳も出なくなり、体は痩せ衰えて、全身の毛が一本もなくなるほどにさらばえてしまったチョッちゃん。その苦しみはひとえに妊娠と出産からきている。彼女ひとりの身であれば、かりに痩せたとしても、なんとか食いつないでいけるほどの餌にはありつけたであろうに、彼女自身の母体から乳が出ないばかりに、日々ありつくわずかな餌を自分では食べずにくわえて仔犬たちのもとに戻り、あるいは一度自分の胃に入れてどろどろの粥状にしたものを口から戻してすべて仔犬に与えるという、母なるがゆえのつらい生活を強いられたのである。もし、妊娠しなければ、出産しなければ、その苦しみはないであろう。動物としての、母としての本能が、自分は飢えても子に食を与えさせてしまう。悲しくも厳しい真実がそこにある。

だからといってチョッちゃんの体にメスを入れて、永久に不妊の体にしてしまうという権利はだれにあるのだろうか。生命の尊厳に触れる行為をもとからの飼主でもない一介の人間の判断によって軽々に行っていいものかどうか。かりにもとの飼主が、失踪したチョッちゃんが元気で五体満足で帰ってくる日を待っているとしたら——。

夜も更けて階下の入口の鍵を締めに階段を下りた清さんは外に出てチョッちゃんの小屋をのぞいた。チョッちゃんは清さんを認めるといそいそと中から出てきた。体をさすってやると、嬉しそうに清さんの膝に手をかけた。

しかし、「こうして外で飼っていれば、いずれどこかの牡犬がかかってしまうだろう」という思いが頭をよぎった。

中江先生の判断

最後まで決心がつかなかったが、懊悩と遅疑逡巡の果てに、もし万一チョッちゃんが西井さん夫妻になじめず、ある日脱走して再び放浪の生活に戻ってしまったときのことを考え、不妊手術が施されることになった。十月十八日、清さんは九州への旅に出る。そこでの会合が終わると二十一日に文恵さんが熊本に飛んで、清さんに合流し、二人は九州での休暇を楽しみ、二十五日に東京に戻る。その不在の間にチョッちゃんを中江先生に預け、体調を見ながら、良ければ不妊手術をしてもらうという段取りになった。チョッちゃんは西井家に住むようになってからまだ十日足らず、よく食べ、よく眠るので、少しは肉がついて肋骨の露出の仕方が少なくなったようである。とはいえ彼女が手術に耐えられるのかどうかは清さん夫妻にはわからない。すべての判断を中江先生にお預けして、体調が良ければ手術する、体力が十分でなければ手術は見送るということにしてもらうことになった。十月二十日の夜、先生の用意されたケージにすなおに入ったチョッちゃんは、先生みずから運転する車に乗せられてお宅（病院）に連れていかれた。見送った文恵さんの心境は複雑であった。「チョッちゃん元気でね」。そうつぶやきながらも心配は拭いきれなかった。

しかし中江先生は名医である。すぐれた小児科医や獣医ならば、ひと目見れば患者の状態が重症なのか軽症なのか判別してしまう。言葉も検査も要らない。中江先生との二十年ものおつきあいを通じて文恵さんはいろいろなことを学んでいた。だから、きょうも先生がガリガリに痩せて毛の抜けたチョッちゃんを見て、手術をためらうようだったら、もちろん即座にその依頼を撤回するつもりだった。しかし、この夜、中江先生は痩せたチョッちゃんの体を見ても、別に何も言われずに「はい、よろしゅうございます。お預かりしてまいりましょう」とだけおっしゃったから、それは「だいじょうぶ、この犬は健康で元気です」という宣言のように聞こえる。「でも、はたして放浪と子育てであんなに痩せ衰えてしまったチョッちゃんにそんな体力が残っているのかしら……」。文恵さんの心配はどこかに尾を引いていた。


翌二十一日の朝、文恵さんは九州に発った。二十二日の朝、黒川温泉の宿から文恵さんは中江先生に電話をかけた。手帖を出して電話番号を調べるとき、二十二日の欄に〝大安〟と書いてあるのが目に入った。「そうか、きょうは大安なんだ」。吉兆かもしれない。チョッちゃん元気でいてね、文恵さんは祈るようにしてダイアルを回した。

電話の向こうに先生の大きな声が聞こえた。

「はい、だいじょうぶでございます。犬は元気にしております。今朝もたくさん食べました。昨日手術いたしまして子宮は妊娠できないようになりましたが、卵巣はそのままにしてございますので、いつまでも女性でいることができます」

電話が切れたあと、文恵さんの眼はうるんでいた。チョッちゃんは元気だった。立派に手術に耐えた。今朝もたくさんゴハンを食べたんですって。あなたは強い子なのね、チョッちゃん。強い子なのね。だからこそ放浪の暮らしにも耐えられた。何日も自分は食べずに、子供に食べさせながら生きてこられたのね……。

旅館の廊下を歩きながら文恵さんは、くすっと思い出し笑いをした。そうそう、チョッちゃん、あなたはこれからも表を歩いたりすれば牡犬が寄ってくるのよ。先生が卵巣を残したとおっしゃってくださったでしょ。まだ立派に女なのだから、大手を振って歩いてね。

二十五日の夜、夫妻は東京に戻った。中江先生のもとに五泊したチョッちゃんは、同じ夜、先生に連れられて無事に戻ってきた。車のドアが開き、走って降りたチョッちゃんは文恵さんに飛びついて喜びを表現した。嬉しい。私帰ってきました。嬉しい、とチョッちゃんは言い続けている。

ふだんのチョッちゃんは洋犬のような派手な感情表現はしない。しかし、きょうは特別だった。文恵さんが抱き上げると、頬のあたりをペロリとなめてくれた。慎しやかながらチョッちゃんの愛情表現である。

「チョッちゃん、そうなの、お家に帰れて嬉しいの。ここはあなたのお家だものね。もうどこへも行かないわね」

中江先生が言った。

「傷はもう治っておりますが、念のために抗生物質を持ってきましたので、これを朝晩食事にまぜてやって、二、三日の間様子を見てください。本人はとても元気で体力もありますので、ほとんど心配はないと思います」

嬉しさを体中で表して文恵さんに抱かれているチョッちゃんを中江先生は優しい目で見つめていた。

「先生、ほんとうにありがとうございました。放浪生活の長かったこの子の体力のことがとても心配でしたけれど……」と文恵さんが言えば、

「それはだいじょうぶでございます。たしかにこの犬は毛が抜けてしまって痩せ細っておりますけれど、内臓はいまのところどこも悪いようには見えませんですから」

中江先生が頼もしいことを言ってくださる。

「ではおだいじになさってください」

と先生は帰りかけた。

「先生、手術料をお払いしませんと……」

文恵さんは慌ててその後を追った。

「あっ、それはもう結構でございます」

「…………」

「かわいそうな犬の命を助けていただいた方から手術料を頂くなんてできません」

先生はいつものようにさらりと事もなげに言われた。そのセリフを文恵さんは何度も聞いてきた。文恵さんはすたすたと行きかける中江先生の手提鞄のポケットに薄謝と書いた封筒をそっとしのばせる。それしかお礼の気持ちの渡しようがなかった。

「それではお大事になさってくださいまし」

と先生は運転席からそう言うとエンジンをかけた。「ありがとうございます」と文恵さんは心の中で手を合わせながら先生の軽自動車が遠くなるのを見送った。

チョッちゃんの変身

チョッちゃんは何事もなかったかのように元気だった。朝夕の「お散歩」も嬉しそうによく歩くし、食欲も十分にあった。

暦は十一月に変わった。チョッちゃんが清さんちの一員になってからそろそろ一ヶ月になろうとする。連休明けの十一月四日にはチョッちゃんの仔犬の〝サンちゃん〟ももらわれていき、残ったのはマルひとりになった。マルは二階にいるが、チョッちゃんは表の犬小屋で暮らしている。そして六日の木曜日、清さんは浜松に出かけた。一日は仕事、一日はゴルフで、八日の昼頃東京の自宅に戻った。途中「チョッちゃんは元気？」と旅先から聞くたびに「元気よ」という文恵さんの答が返ってきた。清さんはこの日もまっすぐ家に入らず、まずチョッちゃんの小屋をのぞきこむことにした。

だが、それより早く、足音を聞きつけて犬小屋から一匹の犬が引綱を引きずって現れた。

「おや」

清さんはめんくらったような顔になった。それはどこから見てもチョッちゃんとは似ても似つかない立派な柴犬だった。黒い鼻のまわりは白い毛に覆われ、両手両足の先も白足袋をはいたように白い。体中にふさふさと茶色の毛が生えている。豊かに毛が生え揃った尻尾はくるりと巻いてゆさゆさと背中で揺れている。犬は後足で立ち上がって、清さんのズボンに手をかけた。体じゅうに嬉しさが溢れている。清さんはしげしげとそのハンサムな犬を眺めた。

「まさか」

清さんはわれとわが眼を疑った。この立派な毛並みの、美しい柴犬はどこのだれだ。チョッちゃん……？　嘘だろう。じゃこの犬はだれだ。チョッちゃんの小屋に住み、いそいそと出迎えてくれるこの犬はだれだ。嬉しそうに飛びつき、ズボンに手をかけているこの犬はだれなのだ……。

「あなた、驚いたでしょ」

いつのまにか文恵さんが出てきていた。

「でも、それ、チョッちゃんよ」

「…………」

清さんは絶句した。

たった二日の留守の間に、それこそあっというまに全身の毛が生え揃ってしまったチョッちゃん。もはやあの裸犬の面影はどこにもない。テリアかと思っていたその細い尖った顔は、毛が生え揃ってみれば立派な日本犬の顔だ。背中は茶色の毛に覆われ、腹も真白に生え揃っている。しなびてよれよれだった灰色の乳房はどこかに影をひそめてしまった。代わって健康な牝犬の乳房の小さな三角形の山がいくつか見える。どうしたんだこの変わりようは……奇蹟じゃないか。チョッちゃんに奇蹟が起きたとしか思えない。わずか四十八時間の留守の間に、チョッちゃんの全身に毛が生え揃った！

清さんはチョッちゃんを抱き上げた。「そうか、きみは柴犬だったんだ。ちっとも知らなかったけど……良かったな。きみは立派な柴犬だったんだ」と言いながら頬ずりせんばかりに抱きしめた。

見れば見るほどチョッちゃんは非の打ちどころのない柴犬だった。よく街で見かける柴犬には貧相なものもいるが、目鼻立ち、厚い胸とくびれた胴、びっしり生え揃った毛並み、色、どの点から見てもチョッちゃんは一流だった。「すごいな、チョッちゃん、きみが（そう言っちゃ悪いが）よれよれの裸犬だったときは、まさか柴犬だとは思わなかったよ」。清さんはチョッちゃんを地面に下ろしてその首筋から背中へと撫でてやった。

「人間てバカなものだな、毛が生えてみないとどんな犬だか見当がつかないなんて」

夕食のテーブルで清さんがしみじみと言った。

「それから考えると、ペット・ショップで何種《なにしゅ》だ、何犬《なにけん》だと言って高い値で売っているけど、あれは毛を買っているようなものだな。あの犬たちを全部丸刈りにしてチョッちゃんみたいな裸犬にしてごらんよ。何犬だかさっぱりわからないし、だれも買う奴は出てこないぞ。おかしいよなあ。人間は高い金を出して犬を買ってるんじゃなくて、実は毛並みを買っているんだ」

「そうね、チョッちゃんは本当にきのうまで、何の犬かわからなかったわね。それが柴犬だったなんて」と文恵さん。

「いやぁ、ほんとのところ、チョッちゃんのことをなんとなくテリアだと思っていたんだ。昔、ビクター・レコードがトレードマークにしていたあの犬さ。あれは毛の短いスムース・テリアだけどチョッちゃんの顔があれに見えてしょうがなかった。それが、なんと、毛が生えてみれば突然の変身で柴犬さ。

神の奇蹟、一夜の奇蹟だねえ。とても信じられないけれど、こういうことって起こるんだなあ。いつか仔犬のときのベスがね……」

清さんが驚いた事件は十七年前にさかのぼる。ある日、廊下で小さなかけらを拾った。手に取ってよく見ると、それは犬の歯、それも犬歯《けんし》のようだった。象牙のように光沢があり、反った立派な歯である。犬といえば家の中には仔犬のベスしかいない。「ベス、ちょっと来てごらん」。念のために、ベスの犬歯の抜けた痕跡を確認しようとしたのだった。清さんは乳歯の犬歯が抜けた穴ぼこを期待した。だが、犬の口を開けてみて驚いたことには、ベスには立派に上下の犬歯が生え揃っていたのである。「何だこれは」。清さんは狐につままれたような顔になった。「どうしたんだ。今朝抜けたような犬歯が落ちているのに、どうしてこの子には犬歯が生えているんだ」。ふしぎである。人間ならば乳歯が抜け落ちると新しい永久歯が生えてくるのに長い時間がかかる。その間はみっともないが〝歯っ欠け〟でいなければならない。ところが、犬は、それこそあっというまに次が生えてしまうのだ。想像もつかないことだけれど、一日に十センチも伸びる〝雨後の筍《たけのこ》〟のように、犬の乳歯が抜けると新しい永久歯がするすると伸びてきて、たちまちのうちにカバーするのである。歯無しでは犬は闘えない。食物も摂れない。自然は巧みにそれを補って、歯無しの犬ができないように配慮してくれているのである。

それから考えれば、チョッちゃんの毛が一夜にしてよみがえったとしてもふしぎではないように清さんには思われた。人間がやる桜の開花予想はしばしば大外れするが、桜は別に外れるわけではない。外れるのは人間である。桜たちは自分の命の開く日を知っている。そしてその日がくれば、待っていたように蕾は開き始める。開き始めれば、それこそあっというまに花の雲となる。

また、若い頃の清さんは大輪朝顔の栽培を試みたことがある。朝、夜明けとともに開花する朝顔の花は、前夜はまだ小指ほどの蕾《つぼみ》である。それが夜の間にぐんぐんと伸びて、朝の光が射す頃には六寸（約十八センチ）もある巨大な花となって開く。朝の苦手な方は、夜の花である巨大な月下美人の開花を見るとよい。細長い蕾がぐんぐんと伸びて、二十センチにもなろうという花がそれこそパッと開く。それはみごとなものである。

動物といわず植物といわず、その時が来たときのみごとな自然の営みには、人間はただ感嘆するよりほかはない。人間の体の部品はどれもそれほど敏速な反応は示してくれない。痩せさらばえていたチョッちゃんの肉体にもその時が来たのであろう。目に見えぬ準備を整えて時を待っていた彼女の肉体は花が開くように瞬時にして復調し、立派な柴犬に変貌してしまったのであろう。

「自然の営みはまさに偉大としか言いようがないな」

テーブルでくつろいだ清さんは、いま見てきたチョッちゃんのすばらしい柴犬の姿を瞼に映しながらしみじみと言った。

その日からチョッちゃんは、裸犬ではなく柴犬として散歩に出るようになった。それに寄り添うように、もとから柴犬の久太。ふたりはカップルのように見える。道ですれちがう人が「可愛い」と言って声をかけてくる。二匹ともほめられるにふさわしくそろって胸が厚く胴がくびれて、理想的な体形をしている。

それまでの朝の久太の散歩は文恵さんの受持ちだった。それが、チョッちゃんが加わって二頭になったかと思うと、まもなく仔犬のマルも加わって三頭になった。三頭をひとりで連れて歩くのはさすがに大変である。特にまだヤンチャなマルがあちこち行こうとするのをコントロールするのに気を使わねばならない。三頭分の引綱を握って文恵さんが歩くと「まあ、まあ、大変ですねえ」と声をかけてくれる人もある。というわけで朝寝坊の清さんも加わるようになった。

コースを決めるリーダーシップはチョッちゃんである。おっとりした久太はどこに向かおうが特に異を唱えない。マルはあちこちうろうろするとしても、基本的には母親のチョッちゃんのあとをついて歩く。最初の頃の彼女はあちこちと不定なコースを歩いた。彼女の言うままに歩いていると、一時間を超えてしまうことがある。中江先生は「三十分くらいで結構」と言われる。

家のそばにかなり急な長い坂がある。それを下るコースを選ぶと、帰りは当然上りになる。その長い上りにさしかかると、チョッちゃんは坂の途中で腰を下ろして動かなくなってしまうのだ。

これには手を焼いた。坐りこんでしまったチョッちゃんはいかなる説得にも応ぜず、引綱を引っ張ってみても動こうとしない。その近くに石段を上るコースもある。そちらならチョッちゃんはすたこらと上っていくのに、坂のほうでは必ず中途で止まってしまう。

最初はそういうチョッちゃんを、仕方がないので清さんが抱き上げて坂を上った。ただでも息の切れる長い坂を、柴犬を抱いて上るのはかなりな労働である。

「チョッちゃんはなぜあの坂の途中で止まるんだろうな。石段のほうから来ればさっさと上がってくるのに……」

「さあ……」

文恵さんも考えあぐんだ。

その日もチョッちゃんは例の長い坂まで来ると途中で坐りこんで動かなくなった。清さんは彼女の横に同じように坐りこんで説得にかかった。

「なあ、チョッちゃん、どうしたんだい。坂はもう少しだよ。ほら、あそこまで行けば、あとはゆるやかになるんだから……がんばって行こう……な、ほれ、そら……」

しかしチョッちゃんは一向に腰を上げようとしなかった。

「わかったわ」

突然文恵さんにはひらめくものがあった。

「チョッちゃんはこの坂が嫌いなのよ。なにか悪い思い出があるんじゃないかしら……たとえば、この坂の途中で捨てられた、とか……」

「捨てられた、こんな所へ?」

「自動車で連れてこられて、突然置き去りにされてしまったとか……」

「こんな所へ?　野原や公園じゃなくて?」

「だって、この坂の両側は高級住宅ばかりじゃない」

「そりゃ、そうだけどな」

チョッちゃんは坐りこんだまま二人の話を聞いている。マルも久太も手持ち無沙汰だ。

「じゃあね、こういうのはどう?　チョッちゃんがある日この辺を放浪していると、保健所の野犬係が現れてチョッちゃんを追いかけまわしたので、命からがら逃げたとか……それ以来チョッちゃんはこの坂に近寄りたがらない……どう？」

「うん、いずれにしても何かあるのかもしれないな」

仕方なく清さんは日ごとに太って重くなるチョッちゃんを抱き上げて歩くより仕方がない。うしろから文恵さんがマルと久太を連れてついていく。チョッちゃんは抱かれて気持ち良さそうにしており、やがて坂を上り切っておろしてもらうと、何事もなかったようにスタコラと歩き出すのだった。

「でも、ちょっと変だよ」

清さんが言った。

「かりにこの坂に対して忌まわしい記憶があったとするね。すると、もっともっと近寄りたがらないはずだよ。怖がって暴れたりしてね。でも、チョッちゃんは抱かれれば楽チンなような顔をしておとなしくしているだろ。もしこの坂が怖かったり厭だったりすれば、こんなに安楽な顔はしていないと思うな」

「それもそうね」

坂をめぐるチョッちゃんの謎は当分続きそうだった。

第七章 散歩と星水さん

いつの頃からか、文恵さんは近くの児童公園のベンチに坐って、朝早く、楽しそうに語り合っている二人の老人の姿を犬の散歩の途次に見かけるようになった。一人はヒョロリとして、その世代の人にしては背が高く、一メートル八十はあるようにみえる。それに比べると背が低くみえるもう一人は、そばで見れば低いわけではなく、並の背丈でしっかりと締まった体つきである。

気をつけて見ていると二人は毎朝同じような時間に現れるようであった。およそ六時半頃であろうか。二人一緒の時もあれば、一人が遅れて現れることもある。背高さんのほうはいつも犬を連れているから、これはもう朝の散歩とわかるし、もう一人はステッキを持っているので、こちらも散歩以外の目的を持ってここに現れるとも思えない。背高さんの犬はかなりの高齢の柴犬で、白髪まじりで歩く姿も少しよたよたしている。

児童公園で何度か顔を合わせるうちに、文恵さんもいつとなく、背高さんやステッキさんとは〝犬仲間〟となり、「お早うございます」の挨拶が次第に長くなったうえ、二人の談論風発ぶりを傍聴させてもらうようになった。聴いていると二人の話題は実に広い範囲にわたっていることがわかった。政治、経済、スポーツ、社会、外国ダネ、天気予報、なんでもござれなのである。よく老人の会話はテープレコーダーのように、いつも同じことを繰り返すと言われるが、二人は決してそうではない。毎日別のテーマについて論じ合っている。

「おタカさんもどういう気持ちで返り咲いたのかねえ、わからんな」

「人がいないのさ。あの党はもうどうにもならんぞ、今さら……」

「だから、よけい出馬は断るべきだったろうな。人がいいってのかな」

「お人好しらしいよ。なにか恵比寿の近くにおタカさんの好きなウドン屋だか天ぷら屋だかがあって、ときどき顔を見せるらしいんだが、会った人はみんな彼女はいい人だと言ってるな。くだけて、気取らなくてね……」

「しかし、人がいいだけじゃ政治にはならんわ」

あるいは、

「天気予報じゃきょうは雪のはずだったが」

「またお外れになった」

「しかし、天気予報ってのはふしぎなことに決して謝らないね。ゆうべは『この雲は南下して、夜半から朝にかけて関東地方に雪を降らせるでしょう』なんて言っておいて、今朝になったら何だい。『きのうここにあった雲は東の海上に抜け、きょうは各地とも良いお天気になります』なんていうんだ……」

「ハハハ、しょっちゅうだよ」

「ひと言謝るべきだよ。『私、ゆうべは雲が南下すると申しましたが、東の海上へ抜けてしまいました。まちがえて相すみません』とかね」

そうかと思えば、

「ジャイアンツの清原もどうにもならんな」

「ああ。あいつの顔には慢心と書いてある」

「あれはいつだったかな。例の桑田がズルをしてジャイアンツに入ったときのことさ。清原は当然自分がジャイアンツの一位指名だと思っていた。ところが桑田のインチキにやられて、彼は憧れのジャイアンツに入れず、泣く泣く西武に行った。そのあと、西武と巨人が日本シリーズで対決して西武が勝ったときのことだ。その最後の試合で、九回もツーアウトになって、西武の勝ちが確実になったときだったな。守備についている清原の眼から涙があふれ出して止まらないんだ。二塁から辻が飛んできて、清原を励ましていたっけが、あのときの清原はよほど嬉しかったんだろうな。自分を見捨てた巨人を倒して見返してやったんだからな。その感動こそ男の感動だ」

「そうだったな」

「ところがなんだい、フリーエージェントとかになったら、いそいそと巨人に行っちまったじゃないか」

「男の意地はどこにあるんだ」

といったふうに発展することもある。

それらを聞くともなく聞きながら、いつも文恵さんが驚くのは齢のほうは八十歳と思われる二人の会話が、単なる老人の愚痴でもなければ頑迷な意見でもなく、若々しい批評精神に満ち満ちていることだった。

神戸の震災のときも文恵さんはこの二人から第一報を聞いた。朝早く散歩に出るとき、背高さんはイヤホーンつきのラジオを携帯しているが、その朝は神戸で大きな地震があり、火災が発生しているというニュースが飛びこんできたという。

「なにか大変らしいですよ。あなたは神戸に親戚がありますか」と背高さんが文恵さんにたずねた。親戚はないが知り合いはあると言うと、とにかくきょうは家に戻ってニュースの続報をテレビで見るほうがいいと言う。いつもなら背高さんは六時半からラジオに合わせてひとりでラジオ体操をするのだが、その日は体操もせずに犬を連れてそそくさと去っていった。

背高さんたちと〝犬仲間〟として近づきになった文恵さんは毎朝顔を合わせて二人の老人の話

を傍聴させてもらったり、問わず語りの話を聞かせてもらっているうちに、二人のことが少しずつわかってきた。まず背高さんは名前を星水《ほしみず》さんということ、ステッキさんのほうは栗田さんということ。二人は互いに数百メートルも離れた場所に住んでいて、朝も別々に散歩に出て、別々のコースを歩くが、どういうわけかほぼ同じ時間にこの公園を通りかかる。そんな縁で二人の間に会話が始まったが、それが急速に親密になったのは、あるとき、二人ともに戦中戦後の満州で苦労をしたという共通の過去があるとわかってからだったということである。年齢は栗田さんのほうが少し上で、彼は兵隊として満州に連れて行かれ、敗戦の日を迎え、ソ連軍に抑留されていたらしい。星水さんのほうはもっと悲惨である。彼は民間人として満州にいたらしいのだが、日本が敗けて、ソ連軍が来ると、日本の民間人たちは着のみ着のまま逃げることになった。あるときは無蓋の貨車に乗って雨の降る中を何時間も走ったかと思えばあるときは木造の掘立小屋にすし詰めに詰めこまれ食糧もなく、何日も置き去りにされるなど、筆舌に尽くせない苦難の連続だったという。その中でまず二歳の男の子と移動中に生き別れになってしまった。「生きておればもう五十をとっくに越えておりましょう」。現地人に育てられてはいまいかと、中国残留孤児の日本訪問のニュースのたびに似たような該当者を探すのだという。やがて赤ん坊だった女の子も、四歳だった長男も引揚船にたどりつく前に飢えと栄養失調の中で病死してしまい、「家内と私だけがかろうじて日本にたどりついた」のだそうである。「大変な時代でしたねえ。二度とあんな目にいまの子供たちをあわせたくないけど……」と言いながら口をつぐむ。その先は聞かずともわかる。持論はこんなふうだ。「茶髪だか、ルーズソックスだか知らないが、木履《ポックリ》みたいな靴をはいたり、携帯電話をかけながら歩いたり、みっともないったらありゃしない。あんな平和病の子供ばかりじゃ、日本ももうおしまいだな。世界じゅうどこへ行ってもあんな変な子供たちは見たことがない」

戦中、戦後の、ただ生きることさえままならない、辛い厳しい時代の姿と、眼前の飽食の子らの姿とを重ね合わせてみれば感無量としか言いようがないであろう。

栗田さんのほうは定年で退職されたが、もとは高校の教員だったということだ。これに対して星水さんは高齢ながらいまだに会社を経営していて、その会社は丸の内のほうにあり、毎日自分でベンツを運転して出社するとのことだ。「もういいかげんに運転はやめんか、なんてしょっちゅう言われてますよ。でも自分のことは自分でする主義が体じゅうにしみこんでいるしね。ベンツは頑丈だから、ハンドル切りそこねて電柱にぶつかったくらいじゃ死なんでしょう。ハハハ……さ、メリーちゃん帰るぞ」

老犬メリーはゆっくりと立ち上がって星水さんについていく。「さよなら、じゃまたね」

文恵さんは久太とともに星水さんが角を曲がって見えなくなるまで見送る。

老犬メリーちゃん

あるとき、ひょんなことから、その老犬メリーが実は星水さんの家の犬ではないことがわかった。

「そうなんですよ。これはボクの犬じゃなくて、借り物。借り物といっても隣の犬なんだ。隣にユミちゃんて女の子がいてね、その子がまだ中学生の頃から、このメリーちゃんを可愛がって、毎日自分で学校に行く前に散歩させてたんですよ。社会人になってからも、毎朝散歩をさせてから勤めに行っていた——なんていうか、模範的というか、いいお嬢さんだった。ところが年頃だから結婚するわね。結婚して住んだ先のアパートでは犬が飼えないってんで、実家に置いていくことになった。でも実家のお母さんは足が悪くて散歩させてやれない。いつもつながれているんだな。ところがその頃からボクは毎朝散歩する身になった。で、あるとき聞いてみた。『もし、よかったら、ぼくが散歩に連れていきましょうか』、『まあ、ありがとうございます』ってことになって、渡りに舟でそれ以来、もう二年になるかなあ、ボクが連れて歩いているんだけれど、いや実はボクのほうも助かるんですよ。ボクは心臓が悪くてね。ペースメーカーを入れてるんです。毎朝一時間歩けと医者に言われてるんだが、毎日同じ道をひとりで歩くのは結構退屈なもんだから、たまに道を変えてみたり、表札の名前をおぼえてみようと思ったりしても、たいした気散じにもならなくて。ところが、犬を連れていると楽しいね。すぐに時間が経ってしまうのがありがたい。メリーちゃんのおかげだ。たまに、前の晩が遅かったりすると、寝坊したい気分になるんだけど、そうだメリーちゃんが待っていると思うとガバと起きる……」

「でもお仕事を持ちながら、毎朝散歩をされるのは大変ですわね」

「いや、仕方がない。好きでやっているわけじゃないけれど、医者に言われるから——毎日一万歩あるけ、歩かないと死ぬぞって脅かされているんですよ」

「まあ……」

「できるだけ歩こうとは思うし、ラジオ体操も欠かさずやってますよ。ご覧のようにね。でも、私の命は長いことありません」

「そんな」

「いや、ぼくひとりなら、いつ死んじまってもかまうことはないんだけど、老妻がおりましてね。終戦から引揚までの苦労がたたったというんですかねえ、ここのところはもう何年も立ち居振舞いが不自由なんですな。だからボクが先に死んじまったらどうなるかと思うとボクは死ねないんですわ。そういうわけだから心臓にペースメーカーを入れて、医者に尻を叩かれて散歩をする。よき伴侶はメリーちゃん……ハハハ」

「そうでしたか……」

「そうなんですよハハハ……じゃ、さよなら。メリーちゃん、帰るぞ」

明るく手を振って去っていく星水さんとメリーちゃんを、文恵さんは、粛然とした気持ちでその朝はいつもより長く見送っていた。ただ見れば、毎朝犬の散歩を欠かさない、きちょうめんなおじいさんだが、水面下には人生の歴史の重みが沈んでいた。

十一月のある寒い朝、星水さんはメリーちゃんを連れずにひとりで公園に現れた。心なしかしょんぼりして見える。聞けば老犬のメリーちゃんはこのところ体調が衰えてきており、散歩に出てもヨタヨタしているところがあったが、とうとう今朝は散歩に行きたがらないので置いてきたという。

それからしばらく星水さんの散歩は犬なしであったが、まもなく、メリーちゃんが老衰で死んだということを知らされた。星水さんの散歩は本当にひとりになってしまった。「ハハハ、犬のほうが私より先に逝っちまいましたな」

文恵さんが久太のほかに別の犬を連れて公園に来るようになったのはそんなときだった。ひどく痩せ細って毛の抜けたその犬を見て、星水さんは驚いた。

「どうしたんですか、この犬。病気じゃないの。どこの犬？」

文恵さんは、チョッちゃんが現れてからわが家の子になるまでのいきさつをかいつまんで語った。

「そうか、おまえは苦労したのか。チョッちゃんていうのか。そうか可愛い名前をつけてもらったな。そうか。苦労したんで毛が抜けちまったんだな。うちらも苦労したんで、齢よりも老けちまってヨタヨタしてるよ。元気出せよ、おまえはまだ若いんだからな」

それからしばらくして、ある日突然に毛の生え揃ったチョッちゃんを見て、星水さんはもう一度びっくり仰天した。

「なーんだ、これがチョッちゃん。おまえはどう見ても柴犬だなあ。そうだろう。おまえは柴犬だったんだ。そうか、そうか」

立派な柴犬に変身したチョッちゃんを見ると、星水さんの目には、先頃亡くなった散歩のパートナーの柴犬メリーちゃんの姿がオーバーラップしてくる。

「いやぁ、このところ私も犬無しで歩いてますけどね、ひとりで歩くというのは、どうにも味気ないものですなあ。メリーがいた頃は散歩が楽しかったのに、と思うと犬がほしくなりますが、私の齢と私の体では犬は飼えませんなあ」

星水さんは淋しそうに笑った。

「犬はやはり十年や十五年は生きますからね。私の人生はそんなにはもちませんから、犬を残して死ぬことになるのは問題ですからな」

そう言ってひと息入れると語を継いだ。

「しかし、奥さん、犬を二匹一ぺんに散歩させるのは大変でしょう。ねえ……」

「いえ、でも、このひとたちはどちらもおとなしいので、あまり手数はかかりませんの」

文恵さんはそう答えたが、星水さんは何か言いたそうだった。だがこのときの文恵さんはそれに気がつかなかった。

十一月の終わりから清さんたちの家は、三階の住人の宮さんとの共同事業で、建物の外壁の補修と塗り替えの工事を始めることになった。この種の仕事には区役所の仲介で低金利の金を銀行から借りられるとあって、二軒は共同で五百万ほどの融資を受けた。築二十一年、そろそろ手入れをしてもいい頃なのである。

工事の期間は三週間、なかなかの大工事である。まずは建物の周りにぐるりと足場を組んで、その外をシートで覆うという作業から始められた。

計算外だったのはチョッちゃんの犬小屋の存在が足場を組む作業の邪魔になると言われたことだった。トビの例のダブダブのズボンをはいた作業員が来て文恵さんにこう言った。

「奥さん、すいませんね、表につながれているあの犬をちょっとどこかへ引越してもらえませんか」

そう言われても、これは難題だった。家の周りのスペースは狭くて、工事の邪魔にならないようにチョッちゃんをつなぐ場所はほかにはなかった。

「家の中に入れるより仕方がないだろうな」

と清さんが言った。

これまで、チョッちゃんはここのうちでは飼犬というよりあくまで客分として遇されてきた。いつ、もとの持主が現れて彼女を引き取りたいと言うかもしれないし、チョッちゃん自身が野性の一人暮らしに帰りたいという日がくるかもしれない。そんなときのためには、チョッちゃんは〝西井さんちの飼犬〟という地位よりも、〝一時お預かりしている犬〟という地位を保っていたほうがぐあいがいいのではないか、と清さんは思ってきたのだ。そのために、久太やマルのように、家の中に入れて家族として住まわせる代わりに、外に一軒の小屋を与えてそこでチョッちゃんを飼ってきたのだった。だが、工事のおかげで彼女の小屋を撤収するとなると、行先はただひとつ、二階で久太やマルたちと一緒に住むしかない。

「そうするか」「そうするより仕方がないな」

清さんは何度も自分に確かめるように言った。チョッちゃんの、姿の見えないもとの飼主に対するわだかまりをひとまず忘れる必要があった。

久太とマンマ

チョッちゃんは二階の住人になった。マルが飛んだり跳ねたりジャレついたりで大歓迎を表現するのはよくわかるが、久太もチョッちゃんの合流をひどく喜んだ。もう十歳で、どちらかといえば老犬の部に入る久太に初めてヨメさんが来たといったところであろうか。チョッちゃんは中江先生の愛情からまだ卵巣を備えている。一人前の女なのである。年齢は中江先生の推定では四歳前後というから女盛りである。もともとおとなしく控え目な性格の久太がそわそわしてチョッちゃんに寄り添うのがほほ笑ましくもあった。

その翌々日から久太の体にちょっとした異変が起きた。

もともと久太は腸の弱い子で、仔犬の頃から固いウンチをすることがなかった。ドロドロのまま出してしまうのである。最初の頃、西井さんたちは道端でこれをやられることに手を焼いた。ところが、あるとき、アメリカで清さんがいい道具を見つけて買ってきた。それは子供がトンボ捕りや魚すくいに使う小型の〝たも網〟のようなものであるが、柄が短くて三十センチほど、その先の網に当たる部分はビニール（ポリエチレン）袋になっている。久太が道端で立ち止まり、腰を下げたら、すかさずこのビニールのたもをお尻の下に差し入れ、ドロドロと出てくるのを、すっぽりそのままビニール袋で受け止めてしまうというものである。

これは予想以上に大成功だった。久太のウンチは毎回みごとにキャッチされて、道路を汚すことがなくなった。ビニール袋は使い捨てになっているので、それだけ外して口をとじて、あとはゴミの日に処理されるだけである。こうして西井さんちではかれこれ十年、ウン取りのたもを持っての久太の散歩を重ねてきた。

久太がチョッちゃんという若い花嫁を自分の家の中に迎えて一緒に暮らすようになったとき、彼の無言の喜びがどれほど大きかったかを示す事件が起きたのは翌々日のことだった。

その朝、いつものように道端にしゃがんだ久太のお尻にたもを差し出した文恵さんの手に異様な感触が伝わった。ズシリ……もう一回ズシリ……。文恵さんは半信半疑だが、久太の尻からは確かに固形物が落ちてきたのである。

十年間、一度も固形の便の出たことのなかった久太。それがどうしたことだろう。いつものドロドロのかわりにその日はズシリときたものである。これを異変と言わずして何であろう。

それ以来というもの久太の十年間不動の腸の生理が突然に変わり、並の健康な腸になり、それが持続することになった。どうしてそんなことが起きるのか。まるで魔法のようであるが、現象としては〝チョッちゃん効果〟とでも呼ぶしかない。チョッちゃんが同居するようになったとたんに、久太の生理が変わってしまったのである。牝犬が来てくれた。やもめ男のもとにチョッちゃんが来てくれた。仲間ができた。伴侶ができた。人間と暮らす孤独な犬のストレスが解消され、一緒に暮らす喜びができた。そのことが久太の生理を突然に健康にしてしまったのだろうか。

「そうとしか言えないなあ」

清さんは首を振りながら言った。

一夜にしてチョッちゃんに毛が生え、一夜にして久太の腸が健康になる。このところ続いた超常現象に清さんは驚くばかりだった。

ある日、清さんはこのふしぎな現象について中江先生にたずねた。

「先生、久太の体の中のホルモンの働きでも変わってこうなったのでしょうか」

「そうでございますねえ、私どもには理由のわからないようなことも、動物の世界には間々《まま》あるようでございます」

中江先生は静かに謙虚にそう言われた。

人間は宇宙を飛び、ミクロの遺伝子を解読し、この世の中、自分たちに理解できぬものはないように思っているが、実は何にも知ってはいない、知ったと思うのは単なる思い上がりに過ぎず、実は何にも知らないのではないか、いや、知らないことすらわかっていないのではないか、と中江先生が言外に言っているように聞こえた。

チョッちゃんが家に入り、十歳の久太と五ヶ月そこそこのマルと、三人のグループで暮らすようになったとき、そのリーダーシップはだれが取るのだろうか、という問題は清さんにとっては大いに好奇心をそそられたことであった。だれでも知っているように、グループで暮らす動物たちの間には、自然の秩序ができ、リーダーを筆頭にしてまとまって暮らす。犬とて例外ではない。

その昔、野犬の捕獲員に聞いたことがある。それによると、数匹の野犬の群れを捕獲するにはリーダーを捕まえるのが早道で、リーダーを失った犬たちは逃げるのもままならず、うろうろし始めるので捕まえやすくなる。ところがリーダーはたいていは牡で、力も強く勇敢で知恵もあり、なかなかおいそれとは捕まってくれない。そういうときは、そのリーダーについている牝犬を捕まえてしまうのがいい作戦なのだそうである。自分の愛犬が捕まえられてキャンキャン泣き叫ぶ姿を見ると、リーダーの牡の神通力は急に弱くなり、中にはグループの指揮統率の任を忘れて牝犬の入れられた檻のそばに寄ってくるのもいたりする。あるとき、リーダーに逃げられて、仕方なく、捕まえた牝犬と若い犬を檻に入れて、リヤカーに積み、動き出したところ、どこからかそのリーダーが現れて牝犬のあとを追ってついてきて、最後には簡単に捕まってしまった、ということもあったという。ノラ犬哀話である。

さて、西井家における三人暮らしのリーダーの地位に就いたのはだれだったか。当然の成り行きからすると、牡で、もう十年もこの家に住んでいる久太がそうなるところだとだれしもが思う。ところが、まもなく、それはチョッちゃんだということがわかる。最初の兆候は〝おやつ〟の時間に認められた。夕方、清さんが「おやつだよ」と声をかける。すると三人が集まってくる。最初に清さんの真ん前に堂々と坐るのは、なんとチョッちゃんなのである。その右に、やや控え目に久太が坐り、左側にはまだ子供のマルが坐る。清さんが鶏のササミのジャーキーを出すと、まずチョッちゃんが「下さい」と意思表示をして一枚頂戴し、次に久太、三番目がマルという順序で進行する。このランキングはずっとそのまま変わることがなかった。これを見て清さんが言う。

「まるでイタリア人の家族だね」

イタリア人の家庭の多くでは、今でも主婦《マンマ》がどんと中心に坐り、この〝マンマ〟を軸にして生活が回っている。子供たちは、たとえ男で年齢が四十、五十になろうとも〝母親《マンマ》〟には全く頭が上がらないし、嫁たちの料理はこの母親《マンマ》の味を習得することに始まり、やがて自分が主婦・母親《マンマ》の座を継ぐ日がくれば、それを息子の嫁に伝えていく。家の味の伝統は女たちが伝承する。

チョッちゃんは新入り早々にしてこのマンマの座を握ってしまった。それは圧倒的な彼女の〝貫禄〟のなせる業であったろう。牡とはいえ、飼犬で、もともと気が弱くお人好しの上に温室育ちの久太と、放浪の中で風雪に耐え、毛が抜けて骨と皮とになりながら子育てをしたチョッちゃんとでは、おのずから〝勝負あった〟なのであろう。そのうえ、もともと心優しい久太には、自分が主導権を取ろうとか、この新入りと争うというような発想は少しもなくて、たのもしい新入りの主婦《マンマ》に寄り添って暮らすことで、すっかり満足した様子である。

「いいねえ、これでいいんだよ」と清さんが言う。

実際、久太とチョッちゃんは、年来の夫婦であるかのように連れ立って仲良く暮らすようになり、散歩のときは、すれ違う人がにっこりとして「仲のいいこと」などと言ってくれるようになった。そんなとき、当然ながら、マルは「あら、これがこの方たちの赤ちゃんなの？」と言われてしまう。（「そう見えるでしょ、でもほんとは違うんです」「違うんですか。ではどういうご関係？」などと聞かれると話は長くなる）。で、清さんたちはニコニコしてマルを夫婦の間の子供ということで済ませてしまう。

この犬はあの犬

こうして〝親子〟連れの三匹の犬たちとその引綱を握る清さんと文恵さんの賑やかな毎日の散歩が始まってまもなくのこと、家の前でばったり江藤夫人に会った。江藤さんは西井家の隣にある冷暖房給湯つきのまるでホテルのような豪華マンションの六階の住人である。

江藤夫人は三匹連れの清さんたちを見て、「まあ、お賑やかなこと」と言ってから、しげしげと犬たちを見比べながらこう聞いた。

「こちらは」と久太を指し「もともとお宅で飼ってらした犬ですよね……で、こちらの方はまだ仔犬ですよね……とすると、もしかして、この真ん中の犬が、あの犬ですか」

あの犬……それだけで文恵さんにはなんのことかわかった。

「そうです。あの犬ですわ」

「まあ、あの犬がこんなに立派になって……」

と言ったかと思うと、みるみる江藤夫人の眼から大粒の涙が溢れ出し、夫人は両手で顔を覆って泣き出してしまった。

人通りのある路上のことである。清さんも文恵さんも、突然のことにびっくりした。江藤夫人はこみ上げてくるものが止まらないもののようで、しばらくはしゃくり上げていた。清さんと文恵さんは茫然としてなすすべもなかった。

ややあって、少し静まると、彼女は問わず語りに少しずつ話してくれた。

「まだ夏の暑い頃でしたわね……ある夕方でした。うちの犬がめずらしくワンワン吠えてうるさいものですから、『どうしたの』と言って、窓から下を見ましたら、お宅の前の車の横に、知らない犬が坐っているんですね。どうやらうちの犬は遠くからその犬に向かって吠えているんです。でもその犬ときたら、遠目にも汚い犬でしてねえ。飼犬のようにはとても見えませんで、きっとどこかの捨て犬かノラ犬なんだと思いました。犬はじっとして、何をしているのかと思いましたら、少し離れたところで奥様がノラネコたちに餌をやってらしたんです。犬はじっとそれを見てました。欲しかったんでしょうねえ。奥様のところに来るネコたちはまた、失礼ですが、みっともないネコばかりでございましょ。でも奥様は毎日マメに餌をおやりになっていて、えらいものだと思って拝見しておりました。犬はいつまでもじっとしておりましたが、そのうち奥様がネコの餌の皿を持ってきてその汚い犬におやりになって……犬はまたいくらでも食べるようで、奥様は袋から何度も餌を出してお皿に入れておられて……そのうち牛乳の紙パックまで持ってきて犬に飲ませておいででした。あんな犬にここまでなさるなんて、できないことだなぁと思って拝見しておりましたの……。

それから犬は毎日のように奥様のところに来ておりましたね。どうしてわかるのかといいますと、うちの犬が吠え立てるんです。うちの犬は、よそ様の犬が下を通っても吠えるようなことはありませんが、あの犬に限っては毎日、朝に晩にあの姿を見かけるたびに吠えました、きっと犬の仲間には見えなくて、なにか妙な動物にでも見えたのでしょうかしら。おかげで私はそのたびに下を見ると、お宅の前にあの犬がいて、奥様が嫌がらずにあの犬に餌をおやりになる様子を、それこそ毎日のように拝見してまいりました。

ある日のこと、やはり夕方でした、私、あの犬にバッタリ道で会ってしまったんです。ちょうどこの先のあたりで……私は出かけようとしておりまして、あの犬は向こうから来て、お宅に行く途中だったと思います。ああ、これがあの犬だなっていうことはすぐにわかりました。でも、遠くで見ているほうがまだ、良かった……そばで見ると、ほんとにみすぼらしい汚い犬で、驚きました。骨と皮ばかりと言いますけれど、痩せておりましてねえ、毛も生えていないのですから……こんな犬にこちらの奥様は毎日よく餌をおやりになるものだと、そのとき改めて感心いたしました。いえ、ほんとに遠くで見ているほうがよかった。そばで見たのはショックでしたわ……」

江藤夫人は少し落ち着いてきた。

「毛が生えていないのは病気だったのかしら」

「たぶん、栄養失調だったと思います。仔犬を育てておりましたので」と文恵さんが答えた。

「ああ、そうなんですか。そのあと、私も話をあちらこちらの筋から聞きまして、あの犬は仔犬を生んで育てていることとか、保健所で持っていってくれるように葵マンションさんで住民の方が決議なさったとか、いろいろありましたですねえ」

文恵さんはうなずいた。

「しばらくしまして、ある朝、うちの犬がいつもより大きな声で吠えるので、六階から下をのぞいてみますと、あの犬がお宅のほうに歩いていました。でも、いつもと違っていたのは、その横を仔犬がヨチヨチついて歩いていたんです。ああ、あれがあの犬が生んだ仔犬だなぁと思いました。犬はお宅の前に着くと入口の脇にあるツツジだかジンチョウゲだかの繁みに入ってしまったんですネ。何をするのかな、と思っているうちに奥様がいつものようにお皿を持って中から出てこられたんです。

それを見て、あの犬が繁みから出てきまして、奥様の前にお坐りして何か言っているように見えました。

しばらく見ておりますと奥様が繁みのほうに行って仔犬を抱き上げるのが見えました。あの犬は、奥様が自分の仔犬に近寄っただけでなく抱き上げたのを見ても、じっとしておりました。人の話では、あの犬の子供たちがよちよちと外へ出てくるのを、葵マンションの人が見て『まぁかわいい』とか言ってそばに近寄ったりすると、あの犬は怒って噛みつきそうになるそうです。それが、奥様が仔犬を抱き上げても何にも言わないばかりでなく、しばらくすると仔犬を奥様に預けたまま、すたすたとひとりで戻っていってしまったんですね。

これには驚きました。私は目の前で起こったことが信じられないような気がしました。まるでパントマイムのような光景でしたが、確かに犬が自分のだいじな仔犬を奥様の手に渡したまま帰っていってしまったのにまちがいありません……」

江藤夫人はひと息ついた。冬も近い秋の夕暮れは足早にしのび寄って、あたりにたそがれの空気が漂い始め、温度も下がってきた。夫人の昂奮は少し収まったようで、肩のショールの前の打ち合わせをちょっと気にして直すと、語を継いだ。それによると――。

母犬が自分の仔犬を人間に預けて帰っていったという話を、夫である実業家の荘一氏にしてみたが、彼はもちろん信じられない話だと言い、「薄暗くて見まちがえたのではないか」という判定だったし、高校生の長女も「ノラ犬が自分の子を人間のところに連れてきたなんて考えられるの？」ということで「お母さんの見まちがい」ということにされたのだった。以来、江藤夫人としては、そのことが心に引っかかっており、あの朝、自分が見たあの光景は何だったのか、一度文恵さんを訪ねて聞いてみたいと、ずっと思い続けていたのだそうである。

それが、きょう、はからずもあの犬にでっくわしたのである。しかも毛の抜けたあの犬にはふさふさと毛が生えて、かなり成長した仔犬を従えて、立派な日本犬に化けていた。それを見て、あの朝、自分の目撃したことはやはり本当だったと思ったのだが、とたんにそのときの感動の記憶がこみ上げてきて、自分でもわからぬうちにポロポロと大粒の涙がこみあげてきてしまったのであった。いまあの犬を目の前にして、その生まれ変わったような柴犬の姿に、ひとしお彼女の感動は新たになった。彼女はチョッちゃんの前にしゃがみこむと言った。

「この犬、なんという名前になさったの」

「チョッちゃんです」

「チョッちゃんね……チョッちゃん良かったわね、あなた、ほんとに良かったわよ、あなたはほんとに賢いのね、いい家を選んで子供を連れてきたわね。でも、よくもまぁ人間に自分の子を渡す勇気があったのね」

江藤夫人は感に堪えたように手をさしのべチョッちゃんの首筋を撫でた。

理事長夫人の機転

江藤夫人の件があって数日後、文恵さんはチョッちゃんを連れていて、また同じようなことを言う人に出会った。

「失礼ですが」

と言って道端で文恵さんに声をかけてきたその人は、今どきは珍しい細い銀縁の眼鏡をかけた、半ば白髪の品のいいおばあさまであった。

「これはあの犬でしょうか」

「ええ、そうです」。文恵さんは驚かない。にっこりして返事をした。「あの犬なんです」

「そうでしたか、やっぱり……最前八百屋さんの前でお見かけしましたときに、そうではないかと思いましたんですよ。でも様子がだいぶちがいますでしょ。ですから、もしかして別の犬ではないかとも思いました。皆様のお話では、あの犬はお宅様に引き取られたということでしたので、もしかしてこの犬があの犬かなって……」

「ええ、この犬はあの犬なんです」

文恵さんはそう言ったものの、相手は知らない人だった。しかしこの人は私のことを知っている……。

見知らぬその人はチョッちゃんの前に坐りこんで言った。

「まぁ、あなたはすっかり変わってしまって……。あなたはほんとは柴犬だったんだ。……こんなきれいな毛が生えてねえ、それにこんなに太って、よかったわねえ、あなたしあわせになれたのね、よかった、よかった、ねえ、これで少しは私も浮かばれるというものですよ」

その人はチョッちゃんの首筋を撫でた。チョッちゃんはおとなしくされるがままになっている。ふたりは旧知のようである。

「私も、少しばかりはあなたにお礼を言ってもらってもいいのよ」

そう言うと、その人は立ち上がって文恵さんに言った。

「失礼いたしました。実は私、山之内と申しまして、葵マンション――ご存じ?――あそこに住んでおりますの。主人は弁護士なんですが、どういうわけか、マンションの住人たちの管理組合の理事長ということになっておりましてねえ……」

「ははあ」と文恵さんには、このふたりのつながりの糸が少し見えてきた。チョッちゃんが子供を生み、育てた廃屋の隣がその葵マンションで、チョッちゃん親子を保健所に通報して引き取らせよという結論が住民の会議で採択されたというそのマンションである。

「まだ、夏の暑い頃でございましたねえ。仔犬を連れた汚い親犬が、私どものマンションに住んでおられる方に吠えついたとか、嚙みついたとか、嚙みつこうとしたとか、やかましくおっしゃってこられましてねえ。保健所に連れていかせるように電話をかけろってうちの主人に向かっておっしゃいますの。主人は、ご自分でおかけになっては、と申しましたが、相手の方は個人の通報では本気で取り上げてもらえないが、マンションの住人たちの決議だと言えば、保健所も重い腰を上げて犬を捕まえにくるだろう、とおっしゃいましてねえ、とうとう住民会議が開かれまして、犬なぞお嫌いな皆様が集まって『賛成、賛成』というわけで、結局は主人が保健所に電話をすることになってしまいましたのよ」

「はあ、噂は聞いておりました。騒ぎでございましたね」と文恵さん。

「でもね、主人はずるいんでございますよ。おれは平日は仕事ででかけているから、保健所にはおまえから電話してくれよって、体よく私にその役を押しつけるんですの」

「あら、そうでしたか」

「ひどいわねえ。なんで私がそんな電話をかけなければいけませんの」

「………」

「で、私、忘れてしまうことにいたしましたの。次の日曜になると主人が『電話はかけたか』って聞きますから『忘れました。今週は何かと忙しかったもので』と答えておきました。

　それで、次の日曜になるとまた『電話はかけたか』って聞くものですから『あら、また忘れたわ』って言いましたら、主人はニヤッと笑いまして、『忘れてもいいけど、あの人が問い合わせてきたら、ちゃんと答えられるようにしとけよ』ですって。私、ハイハイと言いましたが、電話をかけるつもりはありませんで、とぼけておりました。そのうちに、うまいことに仔犬がいなくなってしまいまして、聞いたらお宅様が仔犬を拾って飼っていらっしゃるということで、すっかり安心してしまいました。私も、よかった、よかったって一人で喜んでおりました。皆様の手前、大声では言えませんが、犬の子を保健所に引き渡すなんて、かわいそうで、とても電話する気になれませんでしたの」

「そうでしたか。そんな事情とは知りませんで、私どもは保健所がいつ来るかと、それが心配の種でした。さいわいおたくのマンションの三〇二号におります松田というのが、私の弟の夫婦ですので、『もし保健所が来たら、犬は殺さずに近所の西井の家に引き渡してくれれば責任を持って育てるからと、係の人に言ってください』って弟夫婦に頼んでおきましたの。でも、奥様が電話をかけるのを忘れてくださったのだとはツユ知らず、失礼いたしました。おかげで犬の命が助かりました。ほんとにありがとうございました」

「いいえ、いいんですのよ。でも、あの犬がこんなに立派によみがえっているのを見ると、私もなにかお役に立ったかなって、まんざらでもない気持ちがしますわねえ」

「ほんとにありがとうございました」

「でも、ふしぎなものですねえ、人間のカンてなかなかのものですねえ。私はお話に聞いていても、奥様のお顔を知りません。それにあの犬の顔や体つきは覚えていますが、あの犬とこの犬とでは似ても似つかぬほど変わってしまいましたでしょう。もとはそれはそれは汚い犬で、毛も生えておりませんでしたわねえ……それがこんな立派な柴犬に生まれ変わって……でも、さっき、八百屋さんの前でお姿を見かけましたとき、虫の知らせとでも言うのでしょうかねえ、私『この犬はもしかしてあの犬ではないのか』と、ピンとくるものがありましたんです。人間のカンていうのもバカにできませんわねえ」

それでは失礼しますと去っていった山之内夫人の細い銀縁の眼鏡と白髪と上品なたたずまいが、見送った文恵さんの心にいつまでも残った。

夕食のときの話題は当然ながらこの山之内夫人のことだった。文恵さんの話を聞いた清さんは感に堪えないように言った。

「そうか、その人のおかげだったのか。いや、あの頃はこちらも緊張して、保健所はいつ来るのか、Dデイはいつあるのかって、心配をしていたし、いよいよ捕獲騒ぎになったときの手も打ったけど――知らなかったなぁ、その奥さんが電話をかけるのをとぼけてしまったなんてなぁ……」

「穏やかで上品な方なんだけれど……」

「見かけによらず腹の据わった人なんだ」

「よかったわね、チョッちゃんの持っている強運のひとつよ」

「いやぁ、途中で変だなと思ったこともあったよ。いつまでも保健所が現れないから、どうしたのかなとね」

「チョッちゃんは強運を背負ってる子なのよ。ああいう方が味方にいてくださったのも、今どき珍しいあんな廃屋が都会の真ん中にあったのも、それがうちの近所だったのも、みんななんかのめぐり合わせで、あの子の背中についてる運命の糸のせいなんだわ」

「そうだな、どっかが一歩でもまちがったら、仔犬たちなんてどうなっていたことか」

「その方が最後にこうおっしゃったの。『私が電話をかけなかったのは、怠慢ならいいけど造反行為だと言われそうですわね。でも、あの犬がこんなに立派になったし、三匹の仔犬もじょうぶに育ってしあわせにやっているとすれば、私も少しは浮かばれますわね』」

緑地帯で——チョッちゃんの来歴

チョッちゃんのことをあの犬と呼ぶまた別の夫婦に文恵さんが会ったのは、それからしばらくして、年の瀬も押しつまった頃だった。ある日曜日の早朝、いつものように文恵さんが久太とチョッちゃんの綱を持ち、清さんがマルを引っ張って〝散歩〟をしていたときのことだった。西井家から五百メートルも離れたところに〝公園〟と呼ばれている緑地帯があり、芝生があり、木立があり、散策路ありで、一日じゅう犬を連れた人たちが現れる。公園と緑地帯はどこがちがう、同じパブリック・スペースだろう、という人のために言うとすれば、緑地帯は犬が入れる場所、公園は犬のお出入り禁止の場所である。どこの公園にも入口に、「公園の使用規則」という看板があって、禁止行為がずらずらと書き連ねてある。禁止されているのは、おおむねは、ボール投げ、サッカー、ゴルフ、花火、大声を出すこと、犬を連れこむこと等々である。それらは公園という砂地の広場があれば、やってみたいことばかりである。それを禁止されたら、人は公園で何をするのか。ひそひそ話、日向ぼっこ……そう、公園に行ってもほとんど何もすることはないのである。つまり公園の利用価値はほとんどないのである。それでも都や区はせっせと公園を造る。公園を造ると〝使用規則〟と称して禁止行為をずらずらと書いた看板を入口のところに立てる。清さんの家のすぐそばの公園は、入口の幅が十五メートルに対して奥行が百メートルもあるひょろ長い公園だが、あるわあるわ、この狭いうなぎの寝床に立看板が全部で八枚も立っている。

まず入口の右側にあるのは、

①当園にはゴミ箱がありません　ゴミは各自お持ち帰りください

左にあるのは大きな字で簡明だ。

②ハトにえさをあたえないでください

続いて左側の看板は十メートルほど奥になり、

③近隣の迷惑になっております　ボール投げをやめてください

さらに左十メートル奥には三枚目の看板がある。

④近隣の方々が夜間の騒音で迷惑しております　夜間は静かにご利用ください

さらに左十メートル奥には四枚目の看板があり、同じようなことが書かれている。

⑤夜間は静かに　近隣の方が大変めいわくしています

右側に眼を転じると、二枚目の看板は①と同じでゴミ箱がないからゴミは持ち帰れと強調している。続いて少し離れて、三枚目も同じくゴミの持ち帰りを命令する看板が立っている。右側の最後は④と同じで、夜は騒ぐなという御命令である。

以上の八枚を分析してみると、ゴミの持ち帰りの指令が三枚、〝近隣の方々〟の迷惑になるから「静かにしろ」が三枚、「ボール投げをするな」が一枚、それに「ハトに餌をやるな」が一枚である。

ゴミの持ち帰りの指令看板は以前にはなく、代わりに大きなゴミ箱が二ヶ所に置いてあった。しかし、二年ほど前にゴミ箱を撤去し、代わりに看板を立てた。どういうつもりであろうか。確かに公園にゴミを捨てにくる人はいる。わざわざ自転車でやってきて、公園のゴミ箱にゴミの袋を押しこんでいるのを清さんも目撃したことがある。公園にゴミを捨てにくるとはいささか常識に反する行為だということは清さんにもわかるが、それが〝いけない行為〟かと言われると答はややこしいだろう。公共の場所にゴミ箱があったからゴミを捨てたという行為は禁忌、処罰の対象に当たる行為なのだろうか。ゴミを運んでくるほうもかなりご苦労なことである。そこまでしても捨てたいなら、捨てさせてやってもよかろうと、夏目漱石なら言うかもしれない。

ゴミ箱を撤去したのと似たようなお役所精神はこの公園の四半世紀の歴史の中にいくつかの例が見られる。まずは東屋《あずまや》の撤去である。このウナギの寝床のような細長い公園の奥には、当初から東屋があって、六角形の屋根があり、その下に二人ずつ坐れるベンチがしつらえてあった。韓国の田舎などにいくと、よくこういう東屋があって、昼間からご老人たちがおしゃべりを楽しんでいたりする風景に出会う。その東屋が、ある日忽然と姿を消してしまったのである。なぜだ、と聞くと近所の人の話では雨の日に浮浪者が雨宿りするから、なのだそうな。浮浪者が雨宿りするのがお役所の気にいらない。なぜだ、と聞けば、浮浪者は汚くて健全な方たちの利用に差し支えるから、なのだそうな。

また、この公園には、長さ一メートル半もありそうな立派なベンチがあちこちに置いてあった。ところが、これもあるときすっかり撤去されてしまった。理由は東屋の場合と同じで、夜ホームレス状態の人たちや酔っぱらいが寝るからだそうな。

ベンチがなければ寝ない。ゴミ箱がなければ捨てない。悪いのはベンチとゴミ箱だから撤去するというわけである。しかし、ゴミ箱を撤去された公園にはコンビニの紙袋やペットボトルがころがり、カラスが残飯を食べ荒らして散らかしている。ベンチのほうはしばらくして復活した。よくみると今度のベンチは短くて幅が八十センチほどしかない。二人並んで坐るのがやっとという狭さである。これなら寝るには短すぎる。おまけにその狭いベンチの中央には仕切りがある。これではどうやってもここには寝られない。どうだ、というお役所の声が聞こえる。だが、どうして、そこまでしてベンチを置く必要があるのだろうか。

で、朝山さん夫妻に出会ったのは公園ではなく〝緑地帯〟なのである。夫妻はきれいなゴールデン・レトリーヴァーを二匹飼っていて、いつもはこの犬たちを連れて散歩をするのを見かけるのだが、この日は犬はおらず、二人だけだった。清さん夫妻のほうは久太とチョッちゃんとマルの三匹連れである。挨拶が二言、三言、それで別れようとしたときのことだった。突然、朝山さんのご主人がチョッちゃんを指してこう言ったものである。

「あ、どこかで見たと思ったら、この犬はあの犬だよ」

それで奥さんもチョッちゃんをしげしげと見て同じように言った。

「そうだわ。確かにこの犬はあの犬よねえ」

この犬はあの犬、そう言われても文恵さんは少しも驚かなくなっていた。江藤夫人や山之内夫人のあと、何人かの近所の人に「この犬はあの犬ですか」と聞かれた。つまり近隣の人たちの多くが西井夫妻以前からチョッちゃんを知っていて、チョッちゃんはそれらの人の間では〝あの犬〟としてかなりの話題になっていたということなのだ。無理もない、チョッちゃんはいまどきは珍しい放浪犬だったからである。

朝山氏の証言によると、チョッちゃんはこの緑地帯の近くで何回か目撃されたという。

「いつ頃のことですか」

「今年の春先かなあ、連休の頃も見かけましたね」

「ああ、そうですか。だいぶ以前からノラ犬だったんですね。でも、この近くの家の飼犬だった様子は……」

「いや、そりゃないでしょ。あちこちで餌をもらっていたようですからね」

「首輪をしていましたでしょう」

「そう。首輪をしてましたね」

「毛は生えていましたか」

「ええ、毛は生えていましたよ。これ、これ、いまのこの顔ですよ。だからわかったんですけどね、これって柴犬でしょうが」

「そうです」

「こういう顔をしてましたよ、当時から」

この朝山証言でチョッちゃんの過去の謎が少し解けた。つまり――。

チョッちゃんが西井家に姿を現したのは七月の下旬だが、その数ヶ月前から、チョッちゃんは放浪生活に入っており、主な住居はこの緑地帯の周辺にあったらしく、この付近で目撃されている。大事なことはその頃のチョッちゃんは毛が生え揃っていたということである。

そしておそらく四月の終わり頃チョッちゃんは妊娠し、七月の下旬に（文恵さんらに姿を見せる直前に）仔犬をあの廃屋で生んだのであろうが、その妊娠末期から出産の頃に、チョッちゃんの体の毛が抜け落ちてしまったと思われる。

「いや、ありがとうございました。この犬の来歴が少しわかりました」

「で、この犬はお宅でお飼いになったんですな」

「ええ、そういうことになりました」

「そうですか、そりゃよかった。こうして改めて見るときれいな犬ですね」

そのあとも、チョッちゃんがこの緑地帯にいたのを見たことがあるという人に会った。その人によると、チョッちゃんは、ベンチでマクドナルドの袋を出して食べている人の前で、じっとお坐りをして待っていたのだそうである。

それを聞くと、文恵さんは、最初の日の朝、ネコたちが食事をするのを、少し離れて、じっと待っていたチョッちゃんの姿を思い出した。「あれが始まりだったわねえ、チョッちゃん」

新しい年に

年が明けた。一月一日の朝も犬の散歩は変わらない。まだ暗い朝の六時に、清さんと文恵さんは三匹を連れて〝散歩〟に出た。例の〝緑地帯〟でぶらぶらしたあと、急な坂を上るのが家に帰る順路だが、どっこいその坂はチョッちゃんの嫌いな坂で、彼女は途中で坐りこんでしまう。それをなだめすかして歩かせるのが清さんの役だが、ときには動かない彼女を清さんが抱いて上ることもある。ところが、その道から少し離れて、五十段ほどの石の階段のある抜け道がある。その道ならチョッちゃんがイヤがらないというのが最近の発見である。イヤがらないどころか、むしろスタスタと駆け上がるようにチョッちゃんが階段を上ると、清さんも文恵さんもそのスピードについていけない。

「どうなってるんだ、チョッちゃん」

息を切らせながら清さんがボヤく、坂道ならしゃがみこむチョッちゃんが、階段を見ると駆け上がってしまう。ほんとに「どうなってるんだ」の世界なのである。

一月一日の朝も、長い坂を上らずに、五十段ほどの石段をチョッちゃんは走るように上った。まだ仔犬の頃に自動車事故に遇い、それが原因で足の悪い久太はそれほど速くは動けない。文恵さんと久太はあとからゆっくりと階段を上る。マルを連れてチョッちゃんについて走るのは清さんの役である。

石段を上り切ったところに小さなスペースがあり、そこが星水さんの朝の散歩の小休止の広場である。そこを最近は六時半頃に通過する星水さんは、ひと息いれたあとNHKのラジオ体操をすることが多い。ポシェットから小型のラジオを出してイヤホーンを耳に入れる。ラジオ体操の音楽に合わせて手足を動かす。冬の朝は暗く、だれも通らない小さな空間は星水さんのものである。

ちょうどその体操が終わった頃に、チョッちゃんと清さん、それにマルが階段を上り切った。

星水さんはチョッちゃんを見てニコッとした。

「明けましておめでとうございます。本年もよろしくお願いいたします」

と清さんが挨拶し、星水さんも、

「や、おめでとう、こちらこそどうぞよろしく……きょうはおひとり？」

「いえ、いま上がってきます……あ、来ました」

文恵さんの顔が見え、続いて久太が顔を出した。

「明けましておめでとうございます」と文恵さん。「や、おめでとう、今年もよろしく」と星水さん。

挨拶が終わるとラジオをしまった星水さんはポシェットを探っていつものように犬の好物の〝キャンディー〟を取り出した。犬たちはたちまち星水さんの前に集まってお坐りした。序列は家にいるときと同じで、真ん中に坐るのも、最初に頂戴するのもチョッちゃんである。久太はこの新秩序に一度も異議を唱えたことがなく、婦唱夫随の見本を見せる。マルはビリだが、最初から自分はミソッカスであることを心得ている。

「おい、チョッ」と星水さんが呼んだ。どういうわけか、星水さんは、「チョッちゃん」を一語として扱わず、「チョッ」が名前で「チャン」は愛称だと思っている。だから、たとえば「ポチ」を呼ぶときには「ポチちゃん」などと言わずに単に「ポチ、おい、ポチ」となるように、チョッちゃんを呼ぶときの星水さんは「チョッ、おいで」となってしまうのである。他人が見るといかにも不自然でおかしいが、星水さんは澄ましたものである。チョッちゃんのほうも、毎朝のように散歩で出会い、そのたびに〝キャンディー〟をくれるこのおじいさまが好きで、呼ばれれば近寄っていく。星水さんはしゃがんでチョッちゃんの顔を撫でていたが、ふと顔を上げて言った。

「奥さん、三匹じゃ散歩も大変でしょう」

その言葉を文恵さんが聞くのは初めてではない。これまでも何度かそう言われたが、そのたびに文恵さんは額面どおりに受け取って「ええ、でも、久太がおとなしいので、それほどでもありません」などと答えてきたものであった。しかし、この朝は少し違った。文恵さんには何かわからなかったが、初めて別の雰囲気のものに聞こえたのである。

「毎朝、三匹も連れて歩くのは大変でしょう」

「…………」

「お手伝いしましょうか」

「はあ……」

「毎朝お迎えに上がりますから、よかったら、どれか一匹、私と散歩するということにしていただけるとありがたいんですが……」

「そうだったのか」と文恵さんは思い当たる記憶の糸をたどってみた。そういえば「三匹もいたら散歩は大変でしょうね」「三匹も一度では……」など、たびたび問いかけられながら、深く考えずに聞き流してしまった言葉は、実は星水さんの遠まわしの願望表現だったのだ。もっと早く気がつかなくてはいけなかったのだ。

「散歩もいいんですが、奥さん、ひとりで歩くのは味気ないもんでしてね。以前はご承知のようにメリーを連れてましたので、気が紛れましたが、いや、いや、ひとりになってみますと、つまらないもんですわ。六時に家を出て一時間歩くんですが、途中でいやになってきましてね、『おれは一体こんなところで何をしてるんだ』なんて思うと、だんだん落ちこんできてしまったりするんですすわ」

「………」

「それでも、『こんなことじゃいけない、まだ死ねないんだからな』って自分に言い聞かせまして、万歩計とにらめっこしながら、また、とぼとぼ歩き出すんですがね」

「…………」

「医者は一日に最低八千歩は歩け、歩かないと命の保証はないよと言うんですがね。心臓にぺースメーカーまで埋めこまれましてね、万歩計つけられて、尻叩かれて歩いてみても、面白くもなんともないですな。もう八十はとうに越えましたから、お迎えが来てもいい齢でしてね……いい齢して爺さんがとぼとぼとひとりで歩く、いや、こんなつまらないものはありません。ハッハッハッ」

「…………」

「でもね、奥さん、いつかお話ししたかと思いますが、私が死んじまいますと、満州以来ひどい苦労が続いた時代に体をこわして、今は寝たきりになったカミさんの面倒を見る者がいません。ええ、ええ、子供は三人いましたが、露助《ろすけ》に追われて命からがら引き揚げる途中で、一人ははぐれて生き別れになってしまいました。今でも中国残留孤児の帰国のテレビ・ニュースは全部見ていますよ。もしかしてあの子が生きているんじゃないかってね。ハハハハハ……」

「…………」

「あとの二人を抱えて逃げまわり、ようやく引揚船までたどりついたことはたどりつきましたが、飢えと寒さと栄養失調で、医者もおらず、上が男の子で下が女の子でしたが、二人とも死んでしまいました……」

「…………」

星水さんの言葉がとぎれた。しばらくして、「というわけで、私が先に死んだら、寝たきりのカミさんはどうなります。そうなると、まだ死ねないんですわ」

しかし、老人の孤独な散歩はつまらない。自身の存在理由を疑うほどに落ちこんでしまうことがある。せめて犬でもいてくれたら、毎日の散歩が気分的に救われるのにと思う。

「以前は一緒にメリーが歩いてくれていましてね。ご存じでしたよね。そう、そうです、あの柴犬です。あれはもう婆さんでしたが気の優しい子でしてね。私が上り坂で息が切れて立ち止まったりしますとね、ちゃんと止まってくれて、私の顔を見るんですな。で、私も『だいじょうぶだよ』って言ってやるんです。私が歩き出すと、あいつも嬉しそうに歩き出しましてね……いやあ、いま考えるとあの子は齢の割に元気だったんですな。私はよく冗談に『おいメリー、おまえも齢だそうだけど、おれとどっちが長生きするかな』って言ったものですよ。

ところが去年の秋になって、ある日気がついてみると、あの子の歩くのがこの私よりも遅くなっているんですな……去年の夏は暑かった……あれがいけなかったかなあ。

たよりにしていたメリーと死に別れまして、朝の散歩が急に淋しくなりました。

いやあ、散歩が淋しくなっただけでなく、人生が淋しくなってしまいましたな。なんだか、こう、秋風に首の回りを撫でられると、そのあたりが薄ら寒く感じたりして、いよいよおれの番かな、なんて思ったりしましてね。

そんな矢先に、奥さんが、メリーの生まれかわりのような牝の柴犬を連れてこられたじゃないですか。裸の体に毛が生えたのを見てびっくりしましたよ、メリーがあの世から生まれ変わって出てきたのかと思いましたな。それが、拾った犬だというじゃないですか。私はいよいよこの犬は私のために降ってきたのじゃないかと思いましたね。あれから、私は、奥さんが拾った犬ならいっそのこと私が飼ってもいいんじゃないかと、何遍思ったか知れません。でも、私には犬は飼えません。私のほうが先に逝っちまったら犬がかわいそうですからな……。

ま、そんなわけでして、今年はひとつどうです。三匹のうち、どれかの朝の散歩を私が肩代わりしちゃいけませんか」

「もちろん、どうぞ」と文恵さんがお答えした。

「いや、そりゃありがたい。今年は春からツイているようですな。よろしければ、お言葉に甘えて、明日の朝からお迎えにまいります。六時頃おうかがいして、散歩のあとは七時頃にお戻しするというのでいかがでしょう。ええ、わかってます。お宅は、公園から見える白い三階建ての家でしょ。いつか教えてもらいましたからね。いや、ありがたい、これで散歩がまた楽しくなるというもので、私のほうも多少寿命が延びますかな。いや、いや、ほんとに新春《はる》から縁起でもない話をして申しわけなかったですが、犬をお借りできるとなると、なんだか私のほうも少年のように若返って心が浮き浮きしてきました。ほんとの話、奥さん、この爺がとぼとぼひとりで歩いてみても淋しいもんです。ところが犬がおれば、私がぶつぶつ言うのも聞いてもらえますしな。おしっこやうんちの度に立ち止まるのも、うんちを拾って始末するのも少しも苦になりませんな。犬は可愛いですからなあ」

そう言うと星水さんはしゃがんでチョッちゃんの首筋を撫でた。チョッちゃんは心得たようにおとなしく撫でてもらっている。

「では行きますか。おい、チョッ、いくぞ」

星水さんは早くも自分で引綱を持って歩き出した。心なしかその背筋も伸びて、しゃんとして見えた。元旦の空はようやく明るくなってきた。

終章　さようならチョッちゃん

一月の二日からチョッちゃんの朝の散歩のパートナーは星水さんになった。毎日、六時かっきりに星水さんは西井家のベルを鳴らす。文恵さんがチョッちゃんを連れて階段を下りる。お早うの挨拶もそこそこに、星水さんはチョッちゃんを連れて歩き出す。チョッちゃんはいそいそとついていく。まるで最初から星水さんの飼犬であったかのように、あるいはそれが自分の運命であると心得ているかのように、なんの抵抗も見られない。もし、それが久太だとしても、家人をさし置いて他人と散歩に出るとすれば、なんらかの抵抗があり、歩きながら振り返ったりもするだろう。おとなしい久太でもそうなのに、ましてや自己主張の多いマルとなると、他人と散歩に出るのには、かなり抵抗を示すだろうと思われた。しかしチョッちゃんは屈託なく、こだわりなく、他人との散歩を、あたかも初めから決まっていたことのように受け入れて出ていった。それは放浪時代に覚えた生きるためのしたたかな強さなのであろうか、それともチョッちゃんに備わった天性の順応能力のなせるわざなのだろうかと、最初の朝、見送りながら文恵さんは考えていた。五十メートルほど先の角、そこを左に曲がれば崖で、その縁をつたっていくとチョッちゃんのもとのすみかの廃屋に行ける。しかしチョッちゃんはそちらの古い方角には一顧もせず、星水さんについていてその角を右に曲がっていった。

チョッちゃんを連れて歩くときは、星水さんのほうも生き生きとして見えた。ラジオ体操を終えた星水さんは六時五十分頃に、清さんと文恵さん、それに久太とマルの待っている児童公園の前に姿を見せる。そこのベンチでひと息入れていると栗田さんがステッキを持って現れる。星水、栗田組はそこで談論風発、朝のおしゃべりを楽しんだあと、やおら腰を上げてそれぞれの家に向かう。チョッちゃんと星水さんは、そこでお別れである。

ときに星水さんが名残り惜しそうにすると、文恵さんはチョッちゃんの引綱を受け取らずに、途中まで送っていき、五百メートルほど先の別の公園のところでチョッちゃんを受け取り、そこから戻ってくるようなこともある。

雨の日は星水さんの散歩は中止となる。チョッちゃんは家から百メートルほど先にある小さな空地のあたりで用を足して戻ってくる。それ以外の日には星水さんはきちんと定刻に現れ、チョッちゃんを受け取り、決まったコースを歩き、決まった時間に児童公園の前に戻ってくるのだった。

午後は星水さんは来ないので、久太とマルと合同の三匹そろっての散歩となり、清さんと文恵さんが同行するので、かなり目立って賑やかなものとなる。

あるとき、その午後の散歩の折、チョッちゃんがある大きな月極め駐車場に立ち寄ったときのことである。夏だったので、雑草はぼうぼうと生えて、中には高さが一メートルになりそうなのもあった。そこはふだんからチョッちゃんのお好みの場所であるから滞在も長い。あっちこっちとぶらぶらして、結局はおシッコもせずに引き上げた。だが百メートルほど歩いたと思うとき、うしろから来た車が清さんたち二人と三匹に向かってクラクションを鳴らした。別に道の中央を歩いていたわけでもなく、ほかに車も歩行者もいなかったので、清さんたちがケゲンな顔をして立ち止まると、その車が横に停まった。見ればその車は一九五〇年代のビュイックだった。今どき珍しい骨董品である。しかもこうしたクラシック・カーのオーナーは一般にカー・マニアで、きれいに手入れをして乗っているものだが、そのビュイックはあちこち錆びているうえに、ボディはへこんでデコボコになっている。骨董品というよりジャンクだった。

ドアが荒々しく開いて中年の男が降り、清さんたちのほうへつかつかと寄ってきた。派手なTシャツに草編みのハットをかぶっている。男は清さんに向かっていきなり怒鳴った。

「貴様、名前は何ていうんだ」

「…………」

「この野郎、ふざけやがって、てめえの名前は何ていうんだ」

　男の権幕はものすごく、今にも飛びかかってきそうな勢いであった。清さんにとっては珍しい体験である。長い人生で、何もしてないのに怒鳴られたのは初めてである。しかし、理由もなく名のることもあるまいと思って黙っていると、男はますますいきり立って、

「この野郎、てめえは一体どこのだれだ。言わねえとぶっ殺すぞ」

　と今にも拳を振り上げそうだった。

　清さんはおそるおそる答えた。

「ぼくはその辺の者なんですが」

「なに、その辺の者だと。聞いて呆れらあ。正々堂々と名を名のれ」

「いやぁ、名のるほどの者でもないんですがね、しかし、一体全体、何を怒ってらっしゃるんですか。私が何かしましたか」

「うるせえ、だまって人の土地に入りやがって泥棒みてえな野郎だ、おめえは」

「泥棒……？」

「こら、なぜ、人の土地に入った」

「人の土地？……」

「そうだ」

「それはどこのことですか」

「この野郎、図々しくそんなことを聞くな。おれの土地に勝手に入りこみやがって犬にションベンさせたじゃねえか」

「ションベン？　ハハア……あなたの土地というのはどこなんですか」

「うるせえな、ツベコベ口答えしやがって。いいか、見ろ、あそこだ」

男の指さす方向は、どうやら百メートルほど先の草ぼうぼうの例の駐車場らしかった。

「あそこですか」

「そうだ。おめえはあそこへ犬を連れて入りやがっただろう。調べはついてるんだぞ」

「はあ……」

清さんは遅まきながら男の言いたいことを理解した。しかし、そこは駐車場とは名ばかりで囲いも何もない単なる原っぱのようなものなのだ。

「いや、わかりました。あなたの土地とは知りませんでしたので、失礼しました。でも泥棒じゃありませんよ」

「バカ、人の家へ入りゃ泥棒だ。おまけにおめえはその犬にションベンさせたろう。いいか、この野郎、掃除してこい」

掃除してこいと言われても、糞なら始末もできようが、草むらの小便はカンベンしてもらうより仕方がない。

「掃除してこい。行かねえのか」

毎朝、星水さんと散歩するのがチョッちゃんの日課になった。写真は星水さんの隣がチョッちゃん。手前はマル、奥が久太

命がけの子育てを終え、毛が生えたチョッちゃんは立派な美しい柴犬だ。威厳があり、風格さえただよう

久太（写真・右）のほうが年上だったが、主導権を握ったのはチョッちゃん（同左）。婦唱夫随で仲むつまじく過ごした

上・下／大人になって久しぶりに再会したマルちゃんとクロちゃんは、すぐにお互いをそれとわかり、子供のときのようにじゃれあって遊んだ（写真はいずれも南條家で。左がマル、右がクロ）

2000年３月７日の朝、チョッちゃん永眠する

「…………」

そのとき、仔犬のマルが、チョロチョロと前へ出て男の靴のあたりに鼻を近づけた。すると男は驚いて飛び上がった。慌てて清さんは綱を手もとに引いたが、男のほうはそれ以上に慌てて、シッシッとマルを追い払おうとしている。清さんの気がつかぬうちに久太の紐が手を離れたらしく、久太もその辺をうろちょろし始めた。犬が放れたのを見て男はますます驚いて後ずさりしたが、とうとう車のドアを開けると乗りこんだ。そして「いいか、きさまら、二度とやったら承知しねえぞ」と捨てゼリフを残すと、エンジンをかけ、ガタピシとポンコツ車を走らせていった。

男の車が角を曲がって見えなくなると、文恵さんがまずプッと吹き出した。

「なに、あの人」

「凄んでいたくせに、犬がそばへ寄ったら、飛び上がって逃げたな」

「やくざみたいな人が、犬が怖いなんてマンガみたい」

二人はホッとすると同時に大笑いした。

「でも、高級住宅地にあるあんな大きな土地がほんとにあの人のものなの」

「いや、駐車場を管理している不動産会社かなにかの下っ端《したっぱ》だろう」

だが犬嫌いという人はいる。

文恵さんの家からそれほど遠くないところに、犬仲間たちが「G通り」と呼ぶ通りがある。通りといっても車一台がやっと通るような狭い道で、長さも百メートルほどの短いものである。文恵さんたちはあまり通らない道なので、関心は薄く、G通りと言われても、以前にジャイアンツの選手でも住んでいたのかなと、なんとなく思っていた。ところがある日、聞いてみると「G通り」とは「爺通り」なのだそうで、その通りにはわずか百メートルほどなのに三人もの犬嫌いの爺さんが住んでいるとのことである。ひとりは文恵さんも知っているKさんで、この人は幼いときに犬に咬まれて大けがをしたとかで、いまも犬を見ると怖いという話を本人から聞かされたことがある。問題はCさんとTさんで、この二人は犬嫌いなうえに説教魔で、もしもかりにCさんの家の塀に犬がおシッコでも掛けようものなら、どこで見張っているのか、がらりと戸を開けてCさん本人が出てくると、たいそうな権幕で怒るのだそうである。それはTさんも同じで「もしあんたの家の塀に犬がションベンしたら、あんたどんな気がするか。それを考えたら、おれの家の塀にションベンさせるな」などとからまれてしまうのだそうである。よって犬の散歩に「G通り」は禁制なのだそうである。

初めての異変

チョッちゃんが地理を知っているおかげで清さんたちはいろいろな散歩道をおぼえ、さまざまな場所にチョッちゃんの名がついた。雪の日に遠くまで連れていかれた公園は「チョッちゃん公園」、好んでおシッコをする三角形の小さなコーナーは「チョッちゃん広場」、彼女が駆け上がる四十段の階段は「チョッちゃん階段」、星水さんが散歩の途中のひと休みにチョッちゃんと並んで坐るベンチは「チョッちゃんベンチ」等々。

チョッちゃんが清さんの家族の一員となってからは彼女は元気で、病気らしい病気は一度もしなかった。毎日の食事もきちんと平らげ、おやつと称するジャーキーをもらうときも真先に清さんの前にお坐りして待つのはチョッちゃんである。その健康さを見ると、さすがはあの苦難の数ヶ月を耐え抜いた強い体なのだと感心させられる。

それが、二年目の夏にちょっとした変調を見せた。その日の朝は星水さんといつものように散歩に出たのだが、夕方、ふだんなら真先に駆け寄ってくるはずの〝おやつ〟にチョッちゃんは欠席して、自分の定位置であるキッチンのふとんの上に寝そべったまま動こうとしなかった。そして、夕方の食事も食べにこようとしなかった。

翌朝、星水さんが迎えにきたが、散歩に行くのはイヤだといって寝たまま動こうとしなかった。星水さんは仕方なくひとりで散歩に出た。そのあと文恵さんは中江先生に連絡した。午後、清さんはチョッちゃんを抱えて階段を下りて、外の地面におろした。チョッちゃんはその場を動かず家の前でおシッコをした。

中江先生はいつものように夜の八時過ぎにみずから車を運転してこられた。先生はチョッちゃんの顔を見ると、「なるほど、少し弱っていますね」と言って、あちこち眺めたり撫でたり押したりしていたが、「特に悪いところはございませんですね。人間で言うと、夏バテとか熱射病とかいうようなものです。二、三日、散歩などは休ませて、近くで用を足すようにしてやってくださいませ」。そう言って先生は大きめの注射を一本打った。「先生、それは何ですか」と清さんが聞くと、中江先生は「あ、これですか。これはぶどう糖に栄養剤を混ぜたものですね。ハハハ(たいしたものではありません)」と笑って「この患者さんは特にご心配は要りませんです」と言われた。そのあと「ところで、散歩はどのようになさっています」と聞かれた。文恵さんは「毎朝、一時間、ご近所の方と歩いてきます。そのあと、午後は家の者と二時半に出ますが、コースは大体チョッちゃんの行きたいところで、そうですね、一時間くらいで切り上げて戻ってきますが、ときには一時間を超えるようなこともあります」と答えた。先生はそれを聞いて少し驚いたようで「え、一時間ですか。三十分ほどで十分だと思いますので、少し短くしてやってくださいますか」と言った。

チョッちゃんはすぐに元気を回復し、翌日の朝、星水さんが定刻に顔を見せると、自分も一緒に行くといって階段を下りようとした。文恵さんは慌ててチョッちゃんを抑えると、星水さんに「二、三日、散歩を控えるように」という中江先生の診断を伝えた。星水さんは、「わかりました。では、しばらく淋しいけれど……いかがでしょう、明後日にまた顔を出してみましょうか」と言って、チョッちゃんの頭を撫でながら、「早く元気になれよ」と言って、うしろを振り返りながら階段を下りていった。

午後、清さんがチョッちゃんを連れて階段を下りた。中江先生の「近くで用を足すように」という指示に従ってのことだったが、元気になったチョッちゃんは、すっかり散歩に行くつもりになっていて、遠くへ行こうとしては清さんを困らせた。

その晩から食事もいつものように旺盛に食べた。チョッちゃんは一日で体調を回復し、相変わらずその「じょうぶな体」が健在であることを示してくれた。

年が明けた。チョッちゃんが来て三年目になる。

元旦の実業団駅伝をテレビで見ていた清さんが突然に思いついた。「そうだ、チョッちゃんの午後の散歩の時間を夏までに二時間繰り下げよう。いま二時半に出かけるようにしているが、夏の二時半は暑いから、五時頃にでもすれば、ずっと涼しくなっているからね、去年のようなことはなくなると思うんだ」

テレビを見ていた夫が藪から棒にチョッちゃんの散歩の時間に言及し始めたのに、文恵さんはめんくらった。「どうしたの、何かあったの」。「いや、いま汗をかいたランナーが出てきてね。気温が四度で、冷たい風が吹いているとか言ってるのに、汗をかいて、ふうふう言いながら走ってるのを見ていたらチョッちゃんの去年の夏バテを、なぜか思い出したんだ。ついでに中江先生が往診してくれたときに言っていた言葉も思い出した。『犬は人間より足が短くて地面との距離が近いものですから、アスファルトの熱の照り返しをじかに体で受け止めてしまいますですね。

昼間のアスファルトの道路を手で触ってみるとおわかりになりますが、熱いものでございますよ。うっかりすると火傷しそうなほど熱を持っておりますですね』だそうだ。そういえば、あのあと、おれも自分で日中のアスファルトに触ってみたよ。凄い熱さだった……」

駅伝を見ながら清さんの考え出した案というのは、毎週少しずつ散歩に出る時間を遅らせて、夏までにごく自然に夕方の散歩に移行していくというものだった。

かりに毎週五分ずつ遅らせると、十二週で六十分、二十四週で百二十分つまり二時間遅らせることができる。二十四週というと六月の中旬である。とすると七月の一週には四時四十分までずり下がることになる。かりに毎週六分ずつ遅らせれば、七月一週には五時過ぎになる。うん、これがいい、これでいこうと清さんは独り合点で膝を叩いた。そして早速にカレンダーを壁からはずして、毎週日曜日の欄に記入を始めた。一月九日（日）には2°36′、一月十六日には2°42′……というふうに日曜ごとに六分ずつ遅らせた時刻を書きこんだ。そして七月二日のところに5°06′と書いた。「よし、これでよし。今年の夏のチョッちゃんはずいぶん涼しい散歩ができるぞ」と満足してつぶやいた。

真美さんと音楽犬ベス

カレンダーは三月になった。チョッちゃんたちの午後の散歩の時間は三時十八分まで下がっていた。

三月三日金曜日は、清さんの主宰するアマチュア・オーケストラ、レ・サンフォニストの春の合宿が始まる日である。団員たちは金曜の夕刻までに、西伊豆の松崎町の町営ホテル、サンセット・ヒルズに集合する。夕食後に三時間の練習がある。土曜日の昼までには、前夜来られなかった団員たちも集まり、午後からはほぼフルサイズで練習が行われる。夕食をはさんで九時頃まで練習。翌日の日曜日は午前中に仕上げの練習をして、正午に合宿は打ち上げになる。

演奏会は東京で春秋二回行われる。合宿も春は暖かい松崎町、夏は涼しい八ヶ岳というのが、ここ数年のパターンである。アマチュア・オーケストラは音楽仲間とは言いながら、日曜日の午後の練習で顔を合わせるだけでは、親しさもほどほどにしかならない。だが、起居を共にする〝合宿〟では団員相互の親睦の度は急に深くなる。特に、土曜日の夜の練習のあと、ひと風呂浴びた団員たちが三々五々広間に集まり、ビールや焼酎を傾けながら、夜の更けるのも忘れて雑談・歓談に時を過ごすのは最上の楽しい時間であり、お互いをぐっと身近なものにする瞬間である。

この春の合宿では、レ・サンフォニストは午後一時から、町のために一時間の特別演奏会を開くことになっている。町営の施設を借り、いろいろな便宜供与を受けるお礼に、ある年、日曜日の午後の演奏会を「やりましょうか」、「お願いします」で実現させたものである。町では昔から年間文化行事予算というのがあって、中央から文化人や政治家を招いて講演会をやってきたが、いつも客が不入りで、招かれた人にも悪いし、高額の講演料ももったいない。それではと、ある年には落語家を連れてきたが、やはり不入りだったという。それなのに、しち難しいクラシック音楽のコンサートといえば、客はゼロかもしれない。しかしレ・サンフォニストは無料出演なので、入らなくてもダメモトであろうと、開催の運びになった。

だが第一回のフタをあけてみると、ホールに並べた椅子が満席になろうかというほどの客が詰めかけたのだった。これには町はびっくり仰天、「やってみなけりゃわからんもんだ」と嬉しい誤算を喜んでくれた。おそらく、クラシック・オーケストラの生演奏となると伊豆の南端ではめったにお目にかかれないものなので、どんなものか一度は見てみたいという好奇心もあったであろう。しかし、実際の演奏は単に好奇心を満たす以上の喜びと感動を町の人に贈ることができた。初めて生で聴くオーケストラの迫力に、小学生から白髪の人たちまで驚嘆して拍手が鳴りやまなかった。それはアマチュア・オーケストラにとっては「冥利につきる」瞬間である——自分たちの趣味でやっていることが、人々に大きな喜びを贈ることができる。それは人生のかけがえのないことの一つではないか。

演奏会が終わり、車にコントラバスやらティンパニーを積んでいると、わざわざ寄ってきて「ありがとうございました。きょうは本当にいい思いをさせていただきました」とお礼を言ってくださる年配の方もあれば、楽器を抱えて道を歩いている団員に丁寧に頭を下げてくださる方もいる。

といった次第で、町とオーケストラの双方の事情が許す限り、毎年の春の合宿の打ち上げのあとの日曜日の午後の演奏会は続けられることになった。

この年の三月五日、日曜日の午後のコンサート曲目はメンデルスゾーンの「スコットランド」交響曲、それにドヴォルザークの「スラヴ・ダンス」から三曲。合わせて一時間ほどのプログラムである。こういった曲に馴染《なじみ》のある客は少ないはずだが、聴いてみれば面白い。特に「スラヴ・ダンス」ではブラスが唸り、打楽器が派手に活躍する。終わって大喝采。人々は顔を輝かせ、満足して散っていった。

東京の演奏会では、このほかにメンデルスゾーンのヴァイオリン協奏曲が加わる。この年、ヴァイオリンのソロは、ほかならぬ真美さんである。小学校三年のとき、日本の学校教育にひとりだけの反旗をひるがえし、西町インターナショナル・スクールに入った真美さんにも、あれから二十四年の歳月が過ぎた。ひとりの道を歩む娘のために良き伴侶となれと牝犬のベスを買って贈った清さんだったが、真美さんは確かな足どりで成長した。西町の第九学年（中学三年）を卒業するとき、真美さんが流暢な英語でスピーチをするのを聞いては清さんは思わずホロリとしたものだった。日本の高校へ進学する資格のない彼女はそのままミシガン州インターロッケンの芸術高校《アーツアカデミー》に進学した。そこでヴァイオリンを専攻し、三年のときには首席で学内オーケストラのコンサート・マスターとなった。三年の高校生活を終えるとサンフランシスコの音楽大学《コンサヴァトーリ》に進み、ティンクルマン氏に師事した。この間、夏休みなどには別の大学で演劇、古典文学、イタリア語などの講座を受講して単位を得た（アメリカではそれが認められている）。

おかげで早く単位が満了となり、ふつうなら四年かかる音楽大学を三年で卒業することになり、首席であったため、ひとり選ばれてシベリウスの協奏曲を演奏した。そのあと、ニューヨークのジュリアード音楽院《スクール》の大学院に進学したが、二年目にサンフランシスコ・オペラ劇場のヴァイオリン奏者に空席ができて募集していると聞き、応募してみた。空席は一つで応募したのが八十名。こりゃダメだとあきらめていたのが、どういうわけかただひとり試験をパスして採用になった。もともと（小学生のときから）オペラのファンだった彼女にしてみると理想的な仕事場が見つかったことになる。そして、サンフランシスコ・オペラの主なシーズンは九月から十二月までの四ヶ月で、この間はほとんど毎日公演があるが、それが終わると一月から六月までは公演はとびとびとなり、急にヒマになる。そこで真美さんはジュリアード音楽院に提案をした。というのは、彼女は大学院修了まであと一年を残しているが、ここで退学せずに、一年の前期（九月—一月）を休学してサンフランシスコ・オペラに勤め、後期（一月—五月）のみ大学院に出席するというパターンを二年続けたら、一年ぶんの単位をもらえないか、というものである。この案は学校側に了承され、真美さんは前期をサンフランシスコで演奏家として暮らし、後期をニューヨークで学生として暮らすことになった。そのほかにも夏休みはイタリアで、イ・ムジチの創始者の一人で最初のリーダーであったフェリックス・アーヨ氏に師事したりした。

この間の一番悲しいことは、サンフランシスコの音楽大学に在学中に、ベスが死んだことであったろう。ベスの十二年という短い生涯のうち前半の七年は真美さんと暮らすことができたが、真美さんが十五歳で留学してからは、夏休みにしか戻ってこない真美さんを首を長くして待つ五年であった。

ベスの死んだあと、仔犬でもらわれてきた柴犬の久太がもう十一歳になる。真美さんはサンフランシスコ・オペラ劇場に勤務するかたわら、ソロや室内楽にも出演してきたが、去年結婚して、姓がソーウォッシュと変わった。清さんは親の贔屓目で昔から真美さんの弾くヴァイオリンが好きだし、近年は特に音楽家として熟成してきたと思っている。その真美さんが今年のレ・サンフォニストの演奏会に出演してメンデルスゾーンの協奏曲を弾く。古今に冠絶したこの美しい協奏曲を真美さんが弾くのを聴いたら、清さんはきっと感に堪えず思わずホロリとするにちがいないと自分で思うのだった。

「そうだ。生きていたら、ベスを音楽会に連れていくところだな」

清さんが文恵さんに言った。

「犬を……？」

「そうさ、ベスを二階のバルコニーの一番前に置いてやるんだ。オーケストラの並んでいる中を真美が登場する。拍手が湧く。真美がオーケストラをバックにソロを弾く。ベスはバカじゃないから、音楽はわからなくてもいま眼の前で真美がどえらいことをやっているなってことはわかるだろう。ここでは自分の主人の真美がスターだっていうこともわかるだろうな。で、嬉しくなる。

終わって拍手が起きると、自分も一緒になってワン、ワン、ワン」

「アハハハハ……」

文恵さんは笑いころげた。

「でも冗談じゃなくて、ベスは音楽もわかるところがあったわ。覚えてるかしら、あの子は《魔笛》の序曲が嫌いで……」

文恵さんの言うのはゲオルク・ショルティの指揮したCDのことである。このCDでは夜の女王の出現の場面に、擬音ではなく本物の雷の音の録音を使っている。それを聴くと雷嫌いのベスは立ち上がって逃げてしまう。最初のうちはそうだったのが、そのうちに、序曲が始まっただけで、まだ夜の女王は出てこないし、雷の音もしていないのに、さっさと逃げてしまうようになったのである。「そんなの嘘だろう。犬に音楽がわかるわけはないよ」という人の前で、清さんは実験してみせる。すると、ほかの音楽がスピーカーから流れているときは平気なベスが、《魔笛》の序曲の例の三度の和音が始まると、つと立ち上がってそそくさとどこかへ消えてしまうのである。それは明らかにこの四曲あとに大嫌いな雷鳴が轟いて夜の女王の出現となるのを知っている、つまりそれが《魔笛》の序曲であることを認識しているとしか思えないのである。

ベスの音楽性についてはまだ面白い話がある。文恵さんがピアニストで、ピアノの前に坐っていることが多かったためであろう。いつの頃からか、ベスは自分も真似をしてピアノを弾くと言い出したものである。ためしに、文恵さんがベスをピアノの椅子に坐らせてやると、ベスは前足二本を交互に使ってピアノの鍵盤をポカポカと叩くではないか。この余興は大受けで、西井家の客たちは当分の間〝ピアノを弾く犬〟を楽しむことができた。

というわけで、清さんが「もしベスが生きていたら」今年の真美さんの出る音楽会に連れていってやるんだったと言い出したのもまんざら理由のないことではなく、かりに本物のコンサートは無理としても、リハーサルには連れていったかもしれなかった。

そのベスも死んで十年以上の歳月が流れた。いま西井家の犬たちの中心はチョッちゃんである。

異変

日曜日の演奏会のハネたあと、団員は三島行きの松崎町の特別のマイクロ・バスや自家用車などに分散して乗り、それぞれに帰京する。清さんと文恵さんは日曜の帰京路線の渋滞をかわすために、いつも松崎町に一泊して月曜の朝に帰ることにしている。定宿《じょうやど》は一軒宿の温泉旅館「よし田」である。オレンジ山の持主であるご主人が、ある日、山を掘ったら温泉が出てきたので、そのまま温泉旅館を始めてしまったという由来を持つ。十室そこそこの小ささだが、ご主人の才気とセンスと凝り性とが、建物や食事の一つ一つに凝縮していて非の打ちどころがないような宿である。

夕食後、文恵さんは家に電話をかけた。留守を預かっていてくれるのは佐藤さんである。長い間家政婦として働いたあとリタイアした佐藤さんは、七十代も半ばとは思えないしっかりした人で、以前から文恵さんは何かというと佐藤さんに泊まりこみの留守番を頼んでいる。

「あ、おばさん、何かありましたか」

「いいえ、きょうは電話もなかったし、静かな一日でしたよ」

「みんな元気にしてる？」

〃みんな〃とは久太にチョッちゃんとマル、ネコのチーちゃんとシロのことである。

「ええ、元気ですよ、みんな。犬は二回に分けて、最初は久太とチョッちゃんで、あとからマルを連れ出すようにしてます」

「そう、それじゃ今晩もよろしくお願いします。明日はお昼までに着くように帰りますからね」

「はい、わかりました。こちらは何も変わったことはありませんからね、ゆっくりしてらしてください」

「ありがとう。じゃ、おやすみなさい」

平和な会話がそこにあった。


異変は夜のうちに起きた。

翌朝のこと、何もないだろうけれど、念のためにと文恵さんが朝食後に電話を入れたのは、まだ九時前のことだった。

「あ、おばさん、いまからここを出て帰りますけれど、何かありましたか」

「何もないけれど、チョッちゃんが何か変なんですよ」

「チョッちゃんがどうかしたの？」

「今朝ね、いつものように六時に星水さんが迎えにきたのね。だから、あたし、紐をつけてチョッちゃんを連れて出ようとしたんだけれど……」

チョッちゃんは動こうとしなかった。「しょうがないので」佐藤さんは無理やり引っ張って玄関のドアの外まで連れ出した。しかし、チョッちゃんは階段の上でうずくまったまま下りようとしなかった。表には星水さんが待っている。力ずくで引っ張ってみてもチョッちゃんは動かない。

「こんなことは一度もなかったのに、変だわねえ」とぼやきながら、佐藤さんはうずくまっているチョッちゃんの尻を押して一段ずつ階段をおろすようにした。大奮闘の末、ようやく踊り場までおろした。そこまでが七段、あと七段で一階に着く。そこから佐藤さんは「もう仕方がないから」チョッちゃんを抱き上げて、下りていこうとした。だが、抱き上げられたとたんに、チョッちゃんは、大量のおシッコを踊り場に振りまいてしまったのである。

「あら、やだ、どうしたの、チョッちゃん。こんなところでしちゃダメじゃない。しょうがないわねえ」

佐藤さんは雑巾とバケツを取りに二階の台所まで戻った。

一方、星水さんは、チョッちゃんが出てこないので、様子を見ようと階段室のドアを開けてみた。すると踊り場にチョッちゃんがうずくまっている。「お早う、どうしたんだ、チョッ」と声をかけて階段を上がりかけて、踊り場の洪水に気がついた。「なんだ、こりゃ、どうしたんだ……」

そこへ佐藤さんがバケツを片手に戻ってきた。

「あら、お早うございます。なーにね。チョッちゃんが粗相しちまいましてね……」。そう言いながら、手早く踊り場を雑巾で拭いていった。「こんなことはないんですよ。この子はしっかりした子でしてねえ」

星水さんがチョッちゃんに近づいて、頭を撫でた。

「もうちょっとで外じゃないか。がまんできなかったのか。なあ、こんなところにしなくても……よし、じゃ散歩に行こう」

星水さんが綱を引いたが、チョッちゃんはうずくまったまま立ち上がろうとしない。しばらく星水さんは様子を見ていたが、「なんだか様子が変だな、いつもなら喜んで、先に立ってスタスタと行くのに……」とつぶやくと、佐藤さんに言った。「じゃ、こうしましょう。きょうは散歩は私ひとりで行きますから、この子はこのままにしておきましょう」

「あら、そうですか、悪いですねえ」

「明日の朝また六時に迎えにきますから。じゃ、よろしく」

星水さんは出ていった。相変わらず動こうとしないチョッちゃんを抱き上げて、佐藤さんは階段を七段上がったら、まもなく八十歳という齢には勝てず「ハァハァいってしまった」。ようやく玄関の中におろしてドアを閉めると、チョッちゃんはキッチンにある自分のベッドまでゆっくりと歩いていって、ごろりと大儀そうに横になると、佐藤さんが差し出したドッグフードには眼もくれず、そのまま眠りこんでしまった。

「そう……大変だったわね。チョッちゃんを抱えたりして腰はだいじょうぶなの？　気をつけてね。それじゃ私たちは昼頃までに着きますから……いろいろありがとう」

文恵さんは電話を切ったが、すでに異変を感じとっていた。外出大好きのチョッちゃんが散歩に行きたがらないというそのこと自体がすでに異常であるが、踊り場におシッコを洩らす、しかも大量に、となると、これはもうふだんのチョッちゃんには起こり得ないことだった。どうみてもチョッちゃんの体に異変が起きているとしか考えられない。

佐藤さんの電話を切ると、文恵さんはすぐに中江先生のダイアルを回した。受話器の向こうの先生に、右のような経緯を説明した。先生は自宅での通常の診療が終わったら、夜にでも往診してくれるということだった。

清さん夫妻が家に帰り着いたのは午後の一時頃であった。三日ぶりに戻ってきた主人を見て久太もマルも玄関まで出迎えて、飛びついたりナメたり大騒ぎで喜んだが、チョッちゃんはやはり出てこなかった。

文恵さんはまっすぐキッチンに入った。チョッちゃんはいつもの自分のふとんに横になっていた。文恵さんを見ると、首だけ少し持ち上げて「お帰りなさい」というふうに凝視した。体が大儀で動かすのも大変なように見える。

「チョッちゃん、ただいま」。そう言うと文恵さんはチョッちゃんの耳のあたりから背中のほうへ静かに撫でていった。柔らかくさすられているうちにチョッちゃんは目を閉じ、首をおろして、心地よさそうに見えた。

「あとで中江先生が来てくださるからね。もう安心よ」

先生が見えたのは夜の九時頃だった。表に車の停まる音が聞こえたので、文恵さんは待ちかねたようにチョッちゃんを抱えて玄関に行った。

「いや、いや、遅くなりましてすみません。もう一軒の患者さんのところへ寄っておりましたものですから」

狭い入口のスペースが先生の巨体と大声とでいっぱいになる。しかし、玄関のマットの上に横になったチョッちゃんを見ているうちに先生の声が急に小さくなった。

「いつ頃から悪いのですか」

文恵さんは昨夜泊まってもらった佐藤さんから聞いた話を、もう一度、手短に先生に語った。

昨夜までは異常は認められなかったとのこと。

今朝、いつもの散歩に連れ出そうとしたら動きたがらなかった。無理に階段をおろそうとしたら踊り場で小便を洩らしたこと。

そのあとは食べず、飲まず、横になったままであること。

先生は文恵さんの話にうなずきながら、眼だけはじっとチョッちゃんを見つめていた。

それからポツリと言った。

「だいぶ弱っておりますのでね……」

それきりまた黙ってしまった。先生はチョッちゃんを見ながら、この場合の最善の処置は何であるかを、瞬間的に思いめぐらしているにちがいなかった。文恵さんが今までに見たこともないような険しい表情がそこにあった。それはチョッちゃんの症状が見た目よりもはるかに重態であることを物語っているように思えた。

しばらくすると、先生は、往診鞄を開けて中から注射器を出し、手際よくアンプルを切って薬液を吸いこませると、チョッちゃんに注射した。それから大き目のカプセルを二つ取り出すとチョッちゃんの肛門からそれを腸の中へ押しこんだ。

処置を終わった先生は立ち上がりながら言った。

「それでは、これで様子を見てくださいまし。注射しましたのは強心剤です。直腸に入れましたのはブドウ糖とビタミン剤です。こちらはすぐに吸収されて、注射よりも速く効き目が出ますので、そういたしました。様子を見て、また明日にでもお電話してくださいますか」

中江先生が帰ってしまうと、清さんと文恵さんは顔を見合わせた。ふだんとは違う先生の雰囲気を二人とも感じ取っていたのだ。

清さんがチョッちゃんを抱き上げて、キッチンのふとんまで運んでいった。

夫妻の遅い夕食が始まった。時計は九時半に近かった。

食後はいつもならナイトキャップと称して清さんは、好きなアイラのシングル・モルトのグラスを傾けるのだが、この日は気のりがせず、口にしなかった。

チョッちゃんは外見的には穏やかにスヤスヤと眠っているように見えた。

桜のチョッちゃん

夫妻の朝は早い。五時前後には起き出して活動を始める。かくも早起きの癖をつけたのは、三年前に死んだネコのミーちゃんである。彼女に起こされての早起きが、いつのまにか習慣になっていて、彼女が死んでからも人間の生活のペースは変わらなかった。

その朝、文恵さんはベッドを出て着替えると、真先にキッチンのチョッちゃんを見に行った。いない。どこに行ったのだろうと見回したが見当たらない。もしかして元気になって歩くようになったのだろうか。それなら嬉しいが……キッチンを出て、食堂から玄関へ。

いた。チョッちゃんは青いじゅうたんの上に倒れていた。それは横になっているというより力尽きてそこで動けなくなったような倒れ方だった。

文恵さんは、じっと動かないチョッちゃんに静かに近寄ると、黙ってそっとその背中を撫でおろしながら、呼吸をうかがってみた。かすかではあるが、息の音が聞こえた。

清さんがいつのまにか、チョッちゃんの毛布を持ってうしろに立っていた。

「どうする」

「先生に電話してみる」

「まだ五時を回ったばかりだよ」

「先生はとっくに起きていらっしゃるわ」

文恵さんの電話に中江先生は自分で出てこられたので、今の状況が手短に報告された。しかし、その朝は〝患者さん〟の手術が二件あるので、即時往診というのは無理で、手術が終わりしだい駆けつけるということであった。


六時少し前、ピンポーンとドア・フォンが鳴った。いつものように星水さんがチョッちゃんを迎えにきたのだ。そのドア・フォンの音を聞きつけると、ほとんど虫の息だったチョッちゃんが、一瞬、顔を上げ、足を小さく動かした。それは明らかに起き上がろうとする動作のように見えた。チョッちゃんは、すでに半ば混濁した意識の中で、ドア・フォンの音を識別し、その音の主が星水さんで、自分を散歩に連れていくために呼んでいるのだ、さ、起きて一緒に行かなくては、と思っているのだろうか。

「チョッちゃん、きょうはお散歩はお休みしてゆっくり寝ていようね」と文恵さんが言い、ずれた毛布を掛け直した。
清さんが階下におりて、星水さんに状況を説明した。星水さんは眼鏡を曇らせて、ハンカチを
取り出した。「また出直してまいります」。そう言うと一人だけの散歩に出ていった。
久太とマルを散歩させなければならない。清さんがまず久太を連れて出た。文恵さんは残って
チョッちゃんを見守ることにした。

六時半、久太を連れて戻った清さんは、今度はマルを連れて出る番である。マルは明らかに早
朝から変調を来していた。いつもなら寝室のドアが開くと喜んで清さんに飛びつき、ベロベロと
顔をなめるのが彼の朝の挨拶だし、散歩に出ると言えば嬉しくて飛び跳ねるのがマルなのだが、
この朝は家の片隅にうずくまったまま出てこなかった。それに綱をつけ、清さんが引っ張るよう
にして表に出た。

三十分ほど歩いて「帰ろう」と言えば、おとなしく家の前まで戻ってきたマルだが、階段を上
る段になると、突然Uターンして外に向かって走り出そうとするのだった。いくら清さんが引っ
張ってもマルは頑として階段を上ることを拒否し、外に行こうとする。なだめたり説得したりし
てみても動かない。仕方なく清さんが折れて、もう一度散歩に出ることにした。

そうして約一時間、マルはどことというあてどもなく、ただ清さんを引っ張りまわした。清さん
の何度目かの「さ、帰ろう」という説得に応じてマルが家に戻ってきたのは、もうかれこれ八時

頃だった。家に入る段になると、しぶりながら尻尾をだらりと下げて、しおしおと階段を上った。清さんが玄関のドアを開けると、あとは一目散、足を拭いてやる暇もなく家の隅のほうに向かって走った。動物の直感はすでにして母の死を悟っていたが、その現実をかたくなに拒否しようとするかのようなマルの態度だった。

文恵さんは玄関のフロアに坐ってチョッちゃんを抱いていた。

「(どうだい)」

清さんが眼でたずねると、文恵さんは黙って首を横に振った。その眼に涙が光っていた。

「いまよ……」

と口ごもったが、しばらくして言った。

「たったいま、息を引き取ったところよ」

とりあえず、チョッちゃんが寝床にしていた毛布をフロアに敷き、その上に遺体を寝かせると、上から新しいタオルを掛けてやった。死に顔は安らかで、このうえなく穏やかな、ふだんのチョッちゃんの顔があった。

「ずっと、あのままで、静かに、なんにも苦しまずに、ほんとに静かに、静かに息を引き取ったわ……苦しまなかったのが、せめてものしあわせだった……」

花でチョッちゃんを飾ってやろうと思って清さんは外に出たが、どこに行けばよいのか……駅前のスーパーの中に花屋があるのは知っているが、朝は十時まで開かない。まだ九時前である。そのとき、ひらめきがあった。ほど近いところに昔ふうの八百屋がある。そこに一束三百円とか書いた花が置いてあるのを見た記憶があったのである。

店は開いていた。二百円と三百円の花束が新聞紙に包んであった。いくつあるだろう……六束……まあいい、取りあえずこれにしておこう、チョッちゃん。十時になったら花屋へ行ってもっと立派なやつを買ってくるからな。

チョッちゃんの枕もとに花を並べているところに中江先生が見えた。

「いや、遅くなりました……」と言って入ってこられたが、花に囲まれたチョッちゃんを見て声が止まった。しばらくして、

「間に合いませんでしたか……」

とつぶやいた。靴を脱いでフロアに上がり長い間合掌していたが、顔を上げると「じょうぶな子でしたのに……」と洩らした。

先生はチョッちゃんの死因については何も語られなかった。清さんもたずねようとはしなかった。悲しみは何も語らせなかった。

チョッちゃんは月曜の朝に体調に異変を生じただけで、火曜の朝には不帰の客となった。その間、最後まで苦しむ様子は見せなかった。享年推定七歳。自然死、そう、チョッちゃんの死因は自然死にちがいないと清さんは思った。西洋の童話に、死神に会う男の話がある。死神は自分の管理しているローソクの部屋に男を案内して、大小さまざまのローソクの燃えている様子を見せてくれる。そのローソクの一本一本が、それぞれ特定の人間の寿命を表しており、一つのローソクが燃え尽きるとき、地上では一人の人間が死ぬのだと告げられる。それからすると、チョッちゃんのローソクは短かったけれど、力強く燃えて、最後は静かにスッと音もなく消えていったと、そんなふうに清さんには思える。天寿を全うした、という言葉は、ふつうは細く長くチョロチョロといつまでも燃えて消えるローソクのような場合を指すのだが、チョッちゃんは桜の花のようにいさぎよく散ってしまった。これもチョッちゃんの天寿だったと思えてくる。

中江先生は西井家の犬やネコたちの菩提寺である深大寺にその場で電話をかけ、チョッちゃんの埋葬の手続きをしてくれた。

先生が帰ると入れ替わりに星水さんが現れた。いつもの早朝の運動着とちがい、背広を着てきちんとネクタイを結んでいた。これから自分の会社に出社されるところであろう。チョッちゃんの様子を見にきてくれたのだが、委細を聞くと、「ちょっと仏様にお別れを」と言って靴を脱いで上がり、横たわったチョッちゃんの前に静座して、花を手にして、チョッちゃんの顔の横に置いた。そして花に埋まったチョッちゃんを眺めて、目を細めるようにして、「おゝ、おゝ、いい顔をしてるなあ。『わたくし、しあわせでした』と顔に書いてあるぞ」と小さな声で語りかけるように言った。それからしばらく合掌してチョッちゃんの冥福を祈っていたが、やがて顔を上げ、むしろ大きな声でお別れを言った。

「チョッちゃん、長いこと散歩につきあってくれて、ほんとにありがとう。おまえさんが先に逝って、おれも淋しくなったけれど、こちらも間もなくだからな。すぐまたあの世で会えるぞ。それまで、しばらくだから待っててくれよ、なあ」。最後は破顔一笑した星水さんはもう一度合掌し、深々と一礼して帰っていった。

二週間が経った。チョッちゃんの最初のお彼岸が来た。清さんと文恵さんはしばらくぶりに深大寺を訪れた。西井家に飼われた犬やネコたちのお骨は外ネコたちのぶんも含めて二つのブースに納められて、春秋の供養をしてもらっている。大型犬のベスの骨壺が一番大きい。そして真新しいのがチョッちゃんのそれで、ひときわ目立った。

ひとつひとつの壺を見ていくと、それぞれの面影がよみがえってくる。ミーちゃん、チーちゃんのような二十歳クラスの長寿のネコもいればシャーちゃん（二ヶ月）、大五郎（推定五ヶ月）のような短命な子供たちもいた。花を手向け、線香を上げて、夫妻は外に出た。

駐車場まで並んで歩く途中で、一本の桜を見つけた。陽がさんさんと当たり、花は咲いていなかったが、まもなく開花と思われるほどにたくさんの蕾がふくらんでいた。

「春だなあ、きょうのこの暖かさじゃ、花は近いな」

清さんが問わず語りに言った。

「チョッちゃんが死んだとき、なぜか、チョッちゃんは桜だったんじゃないかと思ったよ。あまりに急で、あまりにあっけなかったから、そう思ったんだろうけど。桜の花が一夜にして風に散ってしまうようだった」

しばらく歩くと駐車場の角が見えてきた。

また清さんが、だれにともなく言った。

「でも、短かったけれど、チョッちゃんはすばらしい命《いのち》を全うしたね。命というものの模範のようなものがあるとすれば、それはチョッちゃんだったね」

「ねえ、あなた……もし、チョッちゃんが桜だったとしたら、これから毎年会えるわね」

終

あとがき

　忠犬ハチ公に似たような話がロシアで起きた。交差点で車が衝突し、人間は死亡したが乗っていた犬は助かった。その犬はそのままその交差点で、帰らぬ主人をじっと待ち続けた。近所の人が憐れに思い餌を運んだ。風が吹き、雨が降り、吹雪が来たが、犬はただじっとその人を待ち続けた。何年かの歳月ののちに犬はそこで死んだ。それからまた数年、このほどその犬の銅像がその現場に建てられたと外電が報じてくれた。

　指揮者の秋山和慶さんがバンクーバーにいた頃、飼犬をその調教師に盗まれた。犬は東部に運ばれ、行方不明になったが、ある朝秋山さんが自宅の玄関を開けると、その犬が家の前に倒れていた。まだ体に温もりが残っていた。犬は大陸を横断して何千キロもの道のりを歩き、主人のもとにたどりついたとき、力尽きて倒れたのであった。というより、主人のもとに帰るまでは気力で生きていたというべきであろうか。

　ある年末に盗みで土木作業員の男がつかまって警察の車で運ばれ、留置場に入れられた。すると元旦から毎日のように一匹の犬が警察署の駐車場に現れるようになった。警察官の姿を見ると逃げてしまうが、人影がなくなるとまた現れて、一台ずつ車の窓に手をかけて中をのぞいては主人の姿を探す――この警察の車の中に主人がいることを信じているかのように。という話がこれまた数年前の新聞のコラムに小さく出ていた。

このような話は実は無数にあるので、犬は美談にこと欠かない。人間は犬よりすぐれた生物だと思いこむのは自由だが、実は人間の側の倨傲であるかもしれない。

「ホタル帰る」（二〇〇一年、草思社）が順調にスタートして、草思社の加瀬社長（当時）と二人だけの〝打上げ〟の会をしたとき、次なる本の企画を聞かれて、私はこの「チョッちゃん」の構想があることをお話しした。以来四年。この間に「誰がヴァイオリンを殺したか」（二〇〇二年）、「反音楽史」（二〇〇四年、山本七平賞）などが先行してしまったが、ようやくいま「チョッちゃん」を世に送り出すことができて肩の荷が下りた感がある。改めて加瀬さんの忍耐に感謝と敬意とを表させていただく。

二〇〇五年九月

石井　宏

チョッちゃん

❀❀❀❀❀

著者との申し合わせにより検印廃止

2005年10月20日　第1刷発行
2006年 2 月28日　第7刷発行

著　者　石井　宏
装丁者　中島かほる
発行者　木谷東男
発行所　株式会社　草思社

〒151-0051　東京都渋谷区千駄ケ谷2-33-8
電　話　営業03(3470)6565　編集03(3470)6566
振　替　00170-9-23552

印　刷　株式会社共立社印刷所
製　本　大口製本印刷株式会社

ISBN 4-7942-1446-4

Printed in Japan

マンション
マンション
マンション
マンション
石田さん宅
松木さん宅
児童公園
西井さん宅
江藤夫人のいたマンション